일러두기
올리브 재배와 관련한 내용은 2021년부터 2024년 현재까지 제주에서 이루어진 농사 경험과 여러 참고 자료를 바탕으로 정리한 것입니다. 본문 맨 뒤에 참고한 책과 논문 등에 관한 정보가 수록되어 있습니다.

올리브의 정석

제주올리브스탠다드 지음

들어가며

인류가 수천 년 동안 생산하고 즐겨 온 올리브 오일. 하지만 우리나라에서 올리브에 대한 정보를 찾아보기란 어렵습니다. 코로나가 한창이던 시기 가족과 함께 제주도로 이주한 우리는 10여 년 전부터 대한민국 제주도에서도 올리브가 재배되고 있다는 사실을 알게 되었습니다. 그런데, 한국 시장에서 프리미엄 올리브 오일이 제대로 평가되지 않거나 심지어 정보의 불균형으로 인해 소비자들이 올리브 오일을 검증할 기회가 거의 없다는 사실을 알고 충격을 받았습니다.

이에 '제주올리브스탠다드(Jeju Olive Standard)'를 통해 제주 올리브 산업 생태계 조성에 집중하고자, 대한민국 올리브 재배 최적지 제주도 서귀포시 대정읍에서 올리브를 직접 재배·가공·서비스하기로 했습니다.

이 책은 농업과 창업 그 어느 분야도 초보였던 청년 농부가 올리브로 영농 창업을 하게 된 이야기부터 제주와 올리브가 서로를 스며들게 된 이야기까지 제주 올리브의 세계를 쉽고 재미있게 안내합니다. 올리브 오일을 깊이 있게 맛보는 방법도 보여줍니다.

제주 청년 농부 가족이 올리브와 함께 열정적으로 살아가는 이야기를 담은 이 책이 세계에서 가장 오래된 식재료 중 하나인 올리브와 사랑에 빠진 올리브러버들과 지금 이 순간에도 새로운 도전을 위해 노력하고 있는 전국의 영농 창업가들에게 도움이 되길 바랍니다.

길지 않았던 시간이었음에도 지금의 모습으로 성장할 수 있었던 것은 수많은 분들의 도움 덕분이었습니다. 그간 받았던 사랑을 저희 나름의 방법으로 사회에 돌려드리고자 조금씩 꿈을 향해 나아가고 있는 저희 이야기를 여러분과 함께 나눌 용기를 냈습니다. 특히, 한마음으로 제주 올리브를 재배하고 있는 '제주올리브연구회' 회원들, 친환경 농법과 건강한 농촌 문화를 교류하며 지속 가능한 지구를 위해 손을 맞잡은 'WWOOF Korea' 회원들, 그리고 제주도와 올리브의 연결고리를 재미있게 정리해주신 이현주 매니저에게 감사와 응원을 보냅니다.

마지막으로 유빈, 다빈에게 고맙다는 말을 전합니다. 사랑하는 두 딸이 주는 응원과 즐거움 덕분에 고된 농장 일도 행복하게 할 수 있었습니다. 올리브 농장에서 함께 만든 추억들이 우리 인생에 올리브처럼 잘 뿌리 내리길 바랍니다.

2024년 7월 제주에서
이정석 · 나윤성

CONTENT

들어가며 006

제1장 올리브의 정석 011

제2장 올리브의 시간 043

    01 제주 그리고 올리브 046

    02 가지치기 060

    03 삽목과 재식 074

    04 개화와 수정 086

    05 잡초와 해충 098

    06 열매 솎기와 수확 108

    07 월동 준비 120

올리브 오일 테이스팅 132

제주 올리브 농장 지도 140

제주 올리브 재배력 142

참고자료 146

제1장

올리브의 정석

왜 청년 농부가 되었는가? 왜 올리브인가? 올리브 농부가
되고 난 후 가장 많이 마주하게 되는 질문이다. 사실
그럴싸한 대답이 아니라 망설여질 때가 많다. "어쩌다 보니"
"올리브가 좋아서"라고 답하자니 너무 고민이 없어 보일 것
같고, 살을 붙여 얘기 하자니 너무 거창한 것 같다.
만약 우리가 '농사 짓는다'라는 것을 조금이나마 제대로
알았다면 감히 시작이나 할 수 있었을까.

•• 제주 집 정원에서 바라본 노을_2021년

어쩌다 제주

2021년 2월, 여행이 아닌 삶을 목적으로 제주행 비행기에 올랐다. 같은 나라인데도 비행기를 타고 이동하는 느낌은 마치 외국으로 긴 여행을 떠나는 것처럼 긴장과 설레는 마음이 들었다. 간밤에 내린 눈으로 아직 추웠지만 맑은 하늘의 제주가 우리를 환영해 주는 것 같았다. 이삿짐보다 먼저 도착해 새롭게 시작할 제주집 마당을 둘러 보니 그제야 우리가 저지른 일이 실감이 났다.

서울에서의 삶도 만족스러웠다. 주 5일 회사에서 일하고 주말은 아이들 손을 잡고 공원, 근교 카페를 다니며 나름의 위로를 틈틈이 챙겼다. 가족들과 가까이 살며 부모님께 육아 도움도 자주 받고, 함께 즐거운 시간들을 보냈다. 부동산과 금융 투자 등 어떻게 하면 지금의 삶보다 조금 더 경제적으로 여유롭게 살 수 있을지가 우리의 가장 큰 관심사였고, 나름의 성과를 거두며 바쁘게 지냈다.

그러던 중 어머니가 건강 검진에서 유방암 진단을 받으셨다. 수술 후 1년 정도 투병 생활을 하시던 어머니는 갑작스럽게 세상을 떠났다. 누구보다 부지런하고 헌신하는 삶을 살아오신 어머니의 허망한 죽음은 가족 모두에게 큰 충격이었다. 다시 이전처럼 살아갈 수 있을까? 당장 내일의 일도 모르는 인생에서 10년, 20년 뒤를 준비하며 살아야 한다니. 미래의 행복을 위해 눈앞의 행복을 즐길 수 없다면 그건 불행일 거라는 생각이 들었다. 여전히 삶의 방향은 모르겠지만 좀 더 열린 결말의 삶을 살기로 결심했다.

●● 하얗게 꽃이 핀 제주 메밀밭 속 아이들_2021년

우선 우리 가족이 지금보다 여유롭고 행복하게 지낼 수 있는 곳을 찾기로 했다. 삶의 만족도는 낮고 주거 비용은 높은 서울을 떠나 지방의 조용한 마을로 이사하고, 재택근무를 하면 아이들과 시간을 보내는 데 조금 더 집중할 수 있을 것 같았다. 처음에는 강원도, 충청도 등 수도권과 2시간 이내에 닿을 수 있는 곳을 주로 둘러보며 찾았다. 산 좋고 물 좋은 곳들이 후보지에 올랐다. 풍광이 아름답고 교통도 편리하고 우리가 상상하던 곳이었으나, 직접 가보니 도시에서의 삶이 그리워 오래 살 수 없을 것 같은 불안감이 들었다. 도시와 시골이 가까이 있고, 바다도 산도 있는 그런 곳이 어딜까 고민이 깊어질 때쯤 '제주'가 떠올랐다.

제주는 도농 간의 거리가 가깝고 관광도시이면서, 비행기만 타면 어느 도시든 1시간 안에 닿을 수 있다는 장점이 있다. 이것이 단점이 될 수 있다는 것을 뒤늦게 알게 되었지만 이때는 뭐에 홀린 듯이 바로 결심하고, 주말 폭설을 뚫고 비행기를 타고 내려가 바로 집을 구하고 올라왔다. 비장하게 새해 계획을 세운 지 2주 뒤인 주말이었고, 한 달 뒤 우리는 제주에 살고 있었다.

제주에 오자마자 3개월은 제주의 봄을 만끽하며 아이들과 행복한 시간을 보냈다. 일하며 바쁘다는 핑계로 마음껏 안아주지 못했던 미안한 마음을 달래는 시간이었다. 아이들도 새 학교에 잘 적응하고 어느 정도 삶이 안정되어갔다. 벚꽃이 피는 계절에는 오름으로 공원으로 산책을 나가고, 꽃이 지면 바다로 매일 나가 출근 도장을 찍었다. 하교 후 만나는 협재해변, 금능해변은 달콤한 디저트 같은 곳이었다. 피부가 까맣게 그을러 질 때쯤 조금씩 노는것에

•• 개간 전 올리브 농장

무료함을 느끼기 시작했다. 매일 아침 출근하던 부부가 아이들을 학교에 보내고 집에 있으려니 왠지 은퇴한 부부 같은 느낌이 들었다. 소일거리로 조금씩 가꿀 수 있는 텃밭이 있다면? 감귤밭을 임대해볼까? 땅을 사 나무를 좀 심어볼까? 올리브가 자란다고 하는데 나도 할 수 있을까?

어쩌다 올리브

어느새 우리는 밤에는 제주오일장(부동산 어플리케이션)으로 낮에는 부동산으로 발품을 팔며 땅을 알아보고 있었다. 막연히 은퇴 후 버킷리스트에 담아 놓았던 임업인의 꿈을 조금 빨리 이뤄보기로. 늘 그렇듯 계획보다 몸이 더 빠르게 움직였다. 땅을 고르는 기준으로는 1) 차로 30분 이내로 갈 수 있을 것 2) 도로에 인접할 것 3) 멀지 않은 곳에 마을이 있을 것 정도였다.

길지 않은 기다림 끝에 서귀포시 대정읍 감귤밭들 사이 오랜 시간 관리되지 않아 덤불로 뒤덮인 땅과 인연이 닿았다. 거창한 계획이 있는 것도 아니었지만 갑작스러운 인생의 변화와 어설픈 용도만으로도 그저 신이 났다. 호기롭게 스케치북 위에 슥슥 밑그림을 그리고 덤불과 잡초로 뒤덮인, 수년간 관리되지 않은 땅을 갈아엎기 시작한 순간, 아차! 우리가 바위산을 샀음을 깨달았다. 어쩐지 시세보다 싸더라니. 10LC 굴삭기와 25톤 덤프트럭이 수도 없이 왔다 갔다 한 후 겨우 드러난 농장의 모습은 황량하기 그지 없었다. 손톱은 까맣게 물들고 성한 옷이 없어졌을 때쯤 올리브를 심기 위한 첫 삽을 뜰 수 있었다.

왜 청년 농부가 되었는가? 왜 올리브인가? 올리브 농부가 되고 난 후 가장 많이 마주하게 되는 질문이다. 사실 그럴싸한 대답이 아니라 망설여질 때가 많다. "어쩌다 보니" "올리브가 좋아서"라고 답하자니 너무 고민이 없어 보일 것 같고, 살을 붙여 얘기 하자니 너무 거창한 것 같다. 만약 우리가 '농사 짓는다'라는 것을 조금이나마 제대로 알았다면 감히 시작이나 할 수 있었을까. 농사를 짓는다는 것은 하늘의 뜻과 오랜 경험에서 우러나오는 지혜가 맞닿아도 매해 마음을 졸이는 것인데 말이다.

부모님도 도시에 살고 계신 우리로서는 농업에 대한 정보가 어두웠기에, 책과 농업기술원 교육 자료 등에 의존했다. 궁금한 자료는 읽고 또 찾아보며 이론적 기반을 다졌다. 유기농업기능사, 종자기능사 자격도 취득했다. 동시에 지금 하고 싶은 것과 할 수 있는 것, 해야하는 것이 무엇인지 고민했다. 제주에서만 할 수 있으면서, 이미지가 고급스럽고 모두에게 친숙한 작물이 뭐가 있을까.

우리가 선택한 것은 바로 '올리브'다. 본래 감귤의 섬인 제주에서도 최근 기후 변화와 고령화로 인해 노지 감귤의 대체 작물을 발굴하고 있다. 바나나, 망고, 용과 등 여러 대체 작물들이 많이 연구되고 있었는데, 그중 올리브가 가장 적합하다고 생각됐다.

프랑스 유학 시절 1유로 빵으로 버텨 가며 모은 돈으로 인접한 다른 유럽 국가를 많이 여행했었다. 올리브는 프랑스, 스페인, 이탈리아 등지에서 가로수나 카페 앞 화분부터 끝이 보이지 않게 드넓게 펼쳐졌던 올리브 농장까지 쉽게 볼 수 있는 나무였다. 그 지중해의 올리브가 제주에서 된다고? 그동안 연구

된 여러 자료들을 찾아보면서 "그래 올리브 이거 잘될 수 있겠다!" 라는 확신이 들었다. 노지에서 겨울을 날 수 있어 투자 비용이 적게 들었다. 그리고 '올리브'라는 이름만 들어도 우리처럼 관심을 갖는 사람들이 분명히 있을 거라 생각됐다. 올리브는 슈퍼푸드, 장수 식품으로 전 세계에서 많이 소비하고 있어 가격 안정성도 높고, '제주' '올리브' 이 두 마법 같은 단어가 합쳐 진다면 시장의 눈길이 자연스레 향할 것이라 생각했다. 또한 기계를 이용한 수확이 가능해 저출산, 고령화 문제가 심각한 농촌 지역의 인력 수급 및 높은 인건비 문제에서도 상당 부분 벗어날 수 있을 거라 판단했다.

제주올리브스탠다드 농장의 시작

첫해에는 추워질 때를 기다리며 땅을 다지고 나무 심을 자리를 만들었다. 날이 추워져 왕성한 나무의 기운이 좀 빠졌을 때 정식(모종을 밭에 심는 것) 해야 다음 해 잘 뿌리내릴 수 있다고 하니 마음이 급한 초보 농부는 애가 탔다. 농장이 한눈에 내려다 보이는 곳에서 일곱 개 라인으로 올리브 묘목을 심을 높은 두둑을 물빠짐이 좋게 만들었다. 목장갑이 따뜻하게 느껴지는 11월이 되고 우리는 드디어 올리브를 심었다. 이제 땅 맛을 본 어린 묘목이었지만 언젠가 큰 그늘을 드리우고 그 가운데서 올리브 축제를 열 수 있는 그날을 상상만 해도 가슴이 벅찼다. 드디어 올리브 농장으로의 첫발을 내딛는 순간이었다.

육지에서 내려온 가족들과 아이들까지 손을 보태 나무를 심고 나니 이제

•• 처음 올리브 심은 날_2022년 2월 27일

서야 머리 속으로만 그리던 그림이 실제가 된 것 같은 기분이 들었다. 계속된 삽질과 골갱이(제주에서 호미를 이르는 사투리)질로 허리며 손목이며 안 아픈 곳이 없었다. 부모님도 어린 시절 고향에서 잡아 본 농기구 이후 오랜만에 하는 농촌 체험이라며 즐거워하셨다. 육체 노동으로 정신의 스트레스를 날려보내는 순간이랄까.

하루 아침에 초록을 보여주지는 않을 테지만 봄이 되고 햇빛이 왕성해지면 올리브가 잘 자랄 수 있을 것이다. 이제는 시간이 정원을 만들어 줄 차례다. 다음으로 약간의 쉴 곳만 마련된다면 이제 완벽한 농장이 될 것 같았다. 총 100그루의 나무가 심어진 농장을 내려다보며 앞으로 올리브가 잘 뿌리내리기를, 잎이 잘 뻗어나가길 바랐다.

농업경영체 등록까지 하고 나니 이제서야 진짜 농업인이 된 것 같았다. 30대 후반 농업인이 되는 건 인생 계획 어디에도 없었던 것이지만, 소비만 하던 인생에서 생산자가 된다는 사실이 가장 두근거렸다.

내가 잘하는 것

학창 시절 교실에 있는 식물은 모두 내 담당이었다. 빈 화분을 참지 못하고 꽃이니 채소니 모종을 사다 심고, 재미나게 키웠다. 고등학교 때는 40여 명의 땀내로 가득 찬 교실에서 하루 15시간 이상 머물러야 했는데, 푸른 식물을 키우다 보면 조금 숨통이 트이는 것 같았다. 꽃과 열매를 보고 반가워하며 던져주는 선생님들의 한마디 한마디가 큰 위로와 응원이 됐던 건 보너스다.

졸업 후 사회 공헌 분야에서 동분서주 열심히 활동하며 사회의 어둠을 밝히는 일을 했는데, 내 일상은 깊은 숲속의 호수처럼 점점 고요해져 갔다. 반복되는 회사 생활에 색다른 즐거움이 필요했다. 편의점이 없어 탕비실의 믹스 커피와 담배만이 유일한 낙이었던 나와 직장 동료들을 위해 '코끼리 매점'을 오픈했다. 이른바 '무인(無人) 매점'. 양심적인 고객들을 믿고 돈 통과 먹을거리를 예쁘게 진열한 후 코끼리 인형을 하나 놓아두었다. 하나둘씩 팔려나가는 상품들과 새로운 물품을 요청하는 포스트잇을 보며 즐거웠고, 어느새 본업보다 충실히 하다 상사에게 창업 권고(?)를 받아 난감했던 기억이 난다.

20대부터 공연 기획, 금융 투자, 사회 공헌, 렌탈 등 다양한 업무에 도전해 왔다. 프로젝트를 기획하고 실행하는 과정 그 자체가 참 즐거웠다. 안정적인 목표를 지향하면서도, 그 안정을 위해 새로운 방식을 도전하고 변주하는 스타일이 올리브에도 잘 맞을까.

올리브 농부가 되고 한동안 나무를 잘 키우고 가꾸는 올리브 재배 실력을 키워야겠다고 생각했지만, 아직 한국에서는 올리브가 새로운 분야라 가만히 있다가는 농부가 아닌 가드너가 될 것 같았다. 자연의 결과물을 판매하는 사람을 농부, 결과물을 보고 즐기는 사람을 가드너라고 단편적으로 해석했다. 아직까지 한국에서 올리브를 재배해서 판다는 것은 끝이 보이지 않는 거대한 터널에 들어가는 느낌이었다.

우리가 가지고 있는 강점에 대해 생각해 봤다. 나는 기획가이면서 네트워킹 소통을 잘하고 추진력이 있다.

가장 먼저 한 일은 올리브 농부들을 한데 모으는 일이었다. 1세대 올리브 농부를 비롯하여 선배 농부들을 필두로, 올리브를 한 그루라도 키워본 올리브를 사랑하는 사람들을 모집해 '제주올리브연구회'를 만들었다. 제주농업기술원과 교류하며 재배 기술을 연구하고, 정기적인 모임을 통해 친환경 농약 등 혼자 하기는 어려운 다양한 올리브 농업 활동을 함께했다. '제주올리브영농조합법인'을 설립하여 든든한 올리브 생산 공동체도 구축했다. 안정적으로 제주 올리브 원물을 수매하는 통로가 마련되니 올리브 농가들은 안심하고 고품질의 올리브 재배에 몰두할 수 있게 되었다.

올리브 오일 전문가들도 함께 모였다. 올리브 오일 소믈리에 과정을 공부하며 전 세계에서 활약하고 있는 한국인 올리브 오일 소믈리에들과 연결되었다. 그들과 한국 올리브 시장의 성숙을 위해 '한국 국제올리브오일 컴페티션'을 추진하기로 했다. 셰프, 요리 연구가, 올리브 오일 바이어 등 다양한 올리브 전문가들도 더 나은 올리브 라이프를 위해 머리를 맞대기로 했다. 짧은 시간이었지만 한 걸음씩 바쁘게 옮겨 온 시간과 인연들이 쌓여 앞으로가 더욱 기대되는 올리브 네트워크가 만들어졌다.

아내도 역시 식물과 자연을 사랑하는 사람이다. 아파트에 살 때에도 늘 꽃과 화분이 가까이 있었다. 제주에 오기 전 기업 교육 분야에서 10년 간 근무했던 '회사원'이었지만 제주에 입도하면서 나와 함께 갑자기 '청년 농부'가 된 아내는 은퇴한 노부부의 삶을 30대에 맞이한 것에 적지 않게 당황했다. 농장을 가꾸는 것은 그 자체로 의미 있고 즐거운 일이었지만 네 식구가 함께 제주에서

•• 올리브 열매 따기

즐거운 삶을 살아가려면 벌이를 생각하지 않을 수 없었단다.

그러던 어느 날 아내는 '치유농업사'라는 과정이 있는데 꼭 해보고 싶다고 했다. 거의 1년에 걸친 교육을 수료하고 시험 공부도 꽤 열심히 하더니 국가 공인 치유농업사 자격을 한 번에 땄다. 나중에 물어보니 백수가 된 불안한 마음에 우리 상황에 도움이 될 만한 자격증에 도전했다고 한다. 아내가 치유농업사에 합격하면서 우리는 '올리브 치유농장'을 꿈꿔볼 수 있게 되었다. 자신의 경험과 경력을 바탕으로 주저하지 않고 도전장을 내민 셈이었다.

인적 자원이 귀한 농촌에서는 두 사람의 역량을 잘 활용하여 브랜딩하는 부분이 매우 중요하다. 내가 잘하는 것, 우리가 잘하는 것이 무엇인지 분석하고 방향성을 정해야 한다. 좋아서 시작한 올리브지만 잘해야 즐거움이 배가 되고 오래 할 수 있으니까.

건강한 친환경 올리브

초보 농사꾼이 자연 재배를 추구한다고 하니 선배 농부들께서 "나무 망친다, 제초제 쳐라, 비료 줘야 한다"며 한 말씀씩 하신다. 농사를 책으로 배워 친환경 농법, 자연 재배, 퍼머컬쳐 등을 알고 난 이상 관행농법으로 농사 짓기란 쉽지 않은 일이다. 잡초들이 왕성한 여름이 되면 몸에 모든 수분을 짜내어 가며 예초를 해야 하지만 가지런히 깎여 밭을 덮고 있는 잡초를 보면 미래를 위해 애쓰는 농부가 된 것 같다.

•• 올리브 열매

어렴풋이나마 '생명역동농법'을 지향하며 친환경 농장의 길에 들어섰다. 잡초 관리가 가장 큰 미션인데 올리브 아래 초생 재배로 잡초를 제대로 잡아보기 위해 클로버와 질경이 씨앗을 4:1로 섞어 파종했다. 여름에는 예초기를 돌리는 일이 더 줄어들길 바라는 마음이었다. 잡초와의 전쟁은 계속되고 있지만 해를 거듭할수록 잡초와 싸우는 시간이 줄어들고 있다.

올리브는 생과를 먹지 않기 때문에 절임용을 제외하고는 열매의 '잘 생긴 정도'에 큰 영향을 받지는 않는다. 으깨고 분쇄한 상태로 압착, 추출하는 방식으로 가공하니 친환경에 대한 접근이 좀 더 용이하다. 반짝이고 반듯하게 예쁜 모양이 각광받는 사과, 귤, 딸기 같은 과일이라면 얘기가 다를 수 있다. 소비자 인식이 변하고 유기농 과일과 채소의 소비가 증가하면서 못난이 과일과 채소는 건강한 것이라는 이미지도 생겨났다. 제주에서도 밭주인의 관리 부재로 자연스럽게 몇 년간 무농약, 무비료로 길러 수확한 무농약 감귤이 더욱 비싼 값에 판매되고 있기도 하다.

농장에서 현재 주력하고 있는 올리브잎 추출액, 올리브잎 말차와 같은 올리브 잎의 가공 제품들은 잎을 그대로 활용하기 때문에 농약 사용에 예민할 수 밖에 없다. 자연스레 유기질 비료와 천연 방제액 등을 사용해 친환경으로 재배했고, 우리나라 1호 친환경(무농약), GAP(농산물우수관리인증) 동시 인증 올리브 농장으로 거듭날 수 있었다.

코로나 이후 건강과 환경이 삶의 큰 화두가 되었다. 눈앞에서 세상이 변해가는 것을 직접 경험한 세대는 더 이상 방관자가 될 수 없다. 직접 그 흐름에

•• 올리브 잎차 만들기

몸을 싣지 않으면 안 되는, 모든 것이 빠르게 변하는 세상이다. 농업 분야도 예외는 아니다. 우리는 지구온난화라는 어려운 문제를 마주해 올리브라는 기후 대응 작물을 친환경으로 재배하며 대응해 나가고 있다.

올리브 고부가가치화를 위한 영농 창업

때로는 컴퓨터 앞에서 보내는 시간이 작물을 가꾸는 시간보다 많지만, 우리는 '농부'다. 농업[1]이란 땅을 이용하여 인간 생활에 필요한 식물을 가꾸거나, 유용한 동물을 기르거나 하는 산업을 뜻한다. 우리는 기후 변화에 적응하며 올리브를 재배하여 판매하고 있으므로 농업에 종사하고 있는 농업가, 농부라고 하겠다.

농업에 기반을 두고 있기 때문에 올리브 나무와 열매를 잘 키워내는 것을 기본으로 올리브가 제주 지역 특산물로 자리잡을 수 있도록 다양한 노력을 기울이고 있다. 귀농인은 토지와 묘목 구매 등에 초기 자본을 많이 투자한다. 올리브는 3년생부터 수확이 가능하지만 최대 수확기는 10년 차부터 시작되므로 나무가 성숙기에 이를 때까지 소득 공백을 메울 수 있는 고부가가치 사업 아이템이 필요했다. 1) 제주 올리브를 활용한 제품 2) 제주 특산물을 혼합하여 개발한 제품 등 크게 두 가지 제품 카테고리로 분류하고 귀농인들이 초기 사업에 잘 정착할 수 있도록 도와 주는 여러 제도를 활용해 제주 올리브를 활용한 제품을 개발했다.

---

[1] 국립국어원 표준국어대사전 농업 정의 참고

•• 올리브로 만든 클렌징 오일·비누·입욕제

제주올리브스탠다드 제품 카테고리

산업군	구분	제품명
1차 농업	나무	묘목(3년생 이상)
	잎	건조잎(1킬로그램 단위)
	열매	열매 생과(1킬로그램 단위)
2차 가공	잎 활용	건조 올리브 잎
		올리브 잎 추출액
		올리브 잎차 티백
		올리브 잎 말차
	제주 원료 혼합	올리브 스파클링티/소다
		올리브 잼(감귤맛/풋귤맛)
		올리브 비누
		올리브 입욕제
		올리브 클렌징 오일
3차 서비스		올리브 오일 테이스팅 체험
		올리브 치유농업 체험

지중해, 미국, 호주 등 세계 여러 올리브 재배 산지와 언젠가 어깨를 견주기 위해서는 제주 올리브만이 가진 고유한 특색이 있어야 할 것 같았다. 제주의 청정 이미지와 특산품인 감귤을 적절히 활용하여 제주 올리브만의 새로운 제품들을 만들었다. 감귤의 상큼함과 올리브의 짭조름하고 고소한 맛과 향이 조화로웠고, 반응도 좋았다. 아직은 조금 생소하게 느껴질 수 있는 올리브 잎은 이미 해외에서는 식용, 약용으로 오래 전부터 쓰이고 있는 원료이다. 올리브 열매와 비슷한 효능과 훨씬 높은 기능성 성분을 함유하고 있는 올리브 잎에 주목하여 식품과 화장품에 적용했다.

●● 제주 올리브의 브랜딩과 다양한 상품

아직 우리나라에서 올리브가 대중적인 식재료는 아니기 때문에 올리브 재배 농가가 올리브에 대한 홍보와 상품 개발까지 도맡아 한다는 것은 쉽지 않은 일이다. 후추나 카레가루처럼 좀 더 대중적으로 쓰이려면 몇 년이 걸릴 수도 있지 않을까? 최근에는 올리브가 좋은 식재료이자 고급 미용 재료라는 가치를 충분히 이해하는 기업이나, 전문가들이 제주 올리브를 찾고 있다. 이미 좋은 제품과 구매층을 보유한 훌륭한 브랜드에 올리브 상품을 라인업 하여 판매하면 더 큰 시너지 효과를 기대할 수 있다.

농업가 역시 농업 분야의 사업가로서 '셀프 리더십'이 반드시 필요하다. 시장이 성숙해져 대형 마트에서 소비자가 믿고 사가는 작물이 되기까지 직접 판로를 확보하고 상품을 홍보하는 등 일인 다역이 필수적이다. 농사를 잘 짓는 작물 재배 전문가에서 나아가 산업 관리, 인식 개선 등 전체를 아우르는 사업가의 관점을 가져야 한다.

요즘 농부는 소셜미디어로 소통한다

매일 일과가 끝나고 저녁 식사 후 나만의 루틴이 있다. 포근한 안마 의자에 누워 인스타그램 릴스를 한 개 올린다. 썼다 지웠다를 반복하고 노래까지 신중하게 고르는 그 시간은 피곤해서 눈이 감기기 직전까지 계속된다. 아직 인스타그램 팔로워 성적은 내로라할 만한 수준은 아니지만 점차 나와 올리브 농장의 성장을 꾸준히 응원해주는 분들도 생기고, 다양한 협업 기회도 가져다 주는 굉장한 소통의 창구가 되고 있다.

•• 제주특별자치도 식품대전 박람회_2024년

이런 내가 소셜미디어가 처음이라고 한다면 아무도 안 믿을 수 있겠지만 이전에 나는 소셜미디어는 시간 낭비라고 생각하는 편이었고, 인스타그램 아이디조차 없었다. 사업 초기 고객과 소통하는 창구로 인스타그램을 하는 것이 좋겠다는 주변의 추천으로, 관련 책을 한 권 사서 책에서 하라는 대로 계정도 만들고 '맨땅에 헤딩하는 올리브맨(oliveman)' 콘셉트로 매일 열심히 피드를 채워갔다. '좋아요' 수에 일희일비하지 않고 제주 올리브를 알리기 위한 콘텐츠를 꾸준히 업로드하다 보니 지금까지 이어올 수 있었다.

인스타그램은 나와 내 농장의 스토리를 보여줌으로써 브랜드 이미지를 만들 수 있는 장점도 있지만, 알고리즘을 통해 해외 농장들과 소통할 수 있어서 좋다. 약간의 시간 여유와 꾸준함을 겸비한다면 농장 홍보와 소통의 도구로 인스타그램에서 나아가 블로그나 유튜브 콘텐츠도 제작한다면 더없이 좋을 것이다. 요즘은 농산물 직거래가 활성화되어 농가들에서 직접 인스타그램 공구를 진행하거나 카카오톡 오픈 채팅 등을 통해 감귤, 만감류, 단호박, 초당옥수수 등 다양한 작물을 판매하고 있다. 슈퍼맨, 슈퍼우먼에 이어 슈퍼파머 시대가 바야흐로 도래한 것 같다.

제주 올리브의 가치와 브랜드, 그리고 기준

식재료에 대한 불안감과 함께 안심하고 먹을 수 있는 건강한 식재료의 니즈가 증가하고, 좋은 식재료와 프리미엄 식단에 열광하는 새로운 세대가 등장했다. 그들은 해외 식재료를 판매하는 '그로서리 마켓'을 자주 이용하고, 스몰

•• 올리브 농장 투어

럭셔리 상품에 소비를 아끼지 않는다. 올리브 오일, 치즈, 버터, 발사믹 소스 등으로 건강한 지중해 식단을 추구하며, 커피에 뒤이어 프리미엄 차 문화 등을 리드한다. 이러한 문화를 추구하는 연령은 중장년층에서 청년층으로 점차 낮아지고 있다.

올리브 오일은 국제 표준에 의해 등급을 매기는 몇 안 되는 식재료 중 하나다. 그만큼 오랜 기간 많은 사람들이 먹어왔다. 엑스트라 버진 올리브 오일의 경우 1만원에서 20만원까지 가격이 천차만별이다. 과거에는 샐러드 드레싱 용으로 조금씩 먹었다면 이제는 지중해 식단의 인기와 더불어 다양한 볶음, 무침 요리 등에도 활용되고 있어 소비량이 점차 늘어나고 있다. 건강을 생각하는 사람이라면 아침 공복에 오일 풀링[2]을 하거나 올리브 오일을 한 스푼씩 먹는 것이 얼마나 몸에 이로운지 알 것이다.

바로 옆 일본의 경우, 지역 경제 활성화를 위해 지역 자원을 브랜드화한 로컬 브랜드가 많다. 일본의 어느 소도시를 가도 간장, 소금, 말차, 여주, 멜론, 우동과 같은 그 지역의 특산물과 가공 기념품들이 매우 발달해 있다. 이런 지역 관광 상품과 로컬 브랜드는 관광객들에게 관광하는 즐거움과 더불어 소비욕을 끌어올리고 지역 경제 활성화에 이바지한다. 지역마다 제공되는 이색적인 즐거움은 재방문으로 이어진다.

---

[2] 오일 풀링: 냉압착식으로 추출된 오일을 입에 머금은 후 가글하는 방법

•• 제주 올리브 영농 창업 강의

제주도는 '청정 제주'라는 프리미엄을 가지고 감귤, 흑돼지, 메밀, 동백 등 다양한 특산물과 관광 상품이 개발되어 있고, 기후 변화에 따라 새로운 아이템들이 계속 추가되고 있다.

올리브는 전 세계에서 과거부터 현재까지 꾸준히 사랑받는, 아낌없이 주는 나무다. 제주에서 올리브가 자랄 수 있는 환경이라는 것은 이미 지난 14년간 실증했다. 앞으로는 제주 올리브의 건강하고 고급스러운 가치를 기반으로 브랜드를 기획하고 성공적인 상품을 만들어내는 단계가 남았다.

직접 생산한 올리브 원물로 부가가치가 높은 상품들을 개발해 작은 규모의 농지가 가진 한계를 극복하고자 했다. 또한 시작 단계에서부터 제주에서 보기 드문 아열대 작물을 시도하는 젊은 영농창업가의 시행착오 스토리를 소셜미디어로 알렸다. '제주 올리브 스탠다드(JEJU OLIVE STANDARD)'라는 브랜드로 제주 올리브의 정석, 제주 올리브의 기준을 만들어 나가고 싶었다.

제2장

올리브의 시간

제주에서 올리브가 자라고 있다는 사실을 알게 되는 순간 사람들은 신기해하면서도 의아해한다. 지중해 사람들에게 올리브가 '신'이 내려준 선물이라면 제주 섬의 올리브는 '기후 온난화'가 준 선물(?)이다. 이상 기후와 식량 위기라는 재앙을 안기며 지구촌을 공포에 떨게 만들고 있는 온난화가 역설적으로 제주 섬에는 올리브라는 '선물'을 안겨준 셈이다.

01. 제주 그리고 올리브

지구 온난화와 제주

제주에서 올리브가 자라고 있다는 사실을 알게 되는 순간 사람들은 신기해하면서도 의아해한다. 지중해성 기후에서 수천 년을 지내오며 덥고 건조한 여름과 온난한 겨울 날씨가 유전자에 깊이 새겨져 있는 올리브가 습한 여름과 영하를 넘나드는 겨울의 제주 땅에서 어떻게 자랄 수 있을지 말이다.

지중해 사람들에게 올리브가 '신'이 내려준 선물이라면 제주 섬의 올리브는 '기후 온난화'가 준 선물(?)이다. 이상 기후와 식량 위기라는 재앙을 안기며 지구촌을 공포에 떨게 만들고 있는 온난화가 역설적으로 제주 섬에는 올리브라는 '선물'을 안겨준 셈이다.

세계 곳곳에서는 지구 온난화의 여파로 극단적 날씨가 기승을 부리고 있다. 산업혁명 이후로 화석 연료가 무분별하게 사용되면서 대량의 온실가스가 대기로 배출된 게 지구 온난화의 주요 원인이다.

몇 해 전 호주 남동부에서 대규모의 산불이 번져 엄청난 면적의 숲을 태운 적이 있었다. 화염에 휩싸인 커다란 나무들 사이에서 캥거루들이 껑충대며 어쩔 줄 몰라하는 모습을 뉴스를 통해 안타깝게 지켜봤던 기억이 있다. 이 산불로 호주에서는 30억 마리에 가까운 야생동물이 죽거나 다쳤다고 한다. 호주 역사상 최악의 재난으로 기록되는 이 산불은 기상이변으로 극도의 가뭄이 호주 대륙에 계속 이어지던 가운데 발생하였다. 기후 온난화로 바다의 수온이 상승하면서 인도양 동쪽과 서쪽의 온도 차이가 평소보다 커진 게 호주 가뭄의 원인이었다.

비슷한 시기에 동아프리카에는 거대한 비구름이 몰려와 폭우를 뿌려대면서 엄청난 홍수가 발생했다. 이재민이 수백만 명 속출했고, 습해진 기후를 틈타 사막 메뚜기 떼 수천억 마리가 출몰해 농작물 초토화시켰다.

한 지역에 가뭄이 들면 다른 지역은 홍수가 도미노처럼 이어져 나타나는 게 바로 지구 기후 시스템의 모습이다. 지구 평균 온도 상승의 마지노선이 산업화의 절정기인 19세기 후반을 기준으로 '섭씨 1.5도'라고 한다. 이게 무너질 때마다 지구촌 곳곳에 '기후 재앙'이 '서로 다른 모습'을 하고 찾아오고 있다.

제주 사람들은 여름의 무더위를 시원한 자리물회를 먹으며 난다. 자리물회의 주재료인 자리돔은 난대성 어류로 제주 앞바다가 주산지이다. 그런데 최근 자리돔이 울릉도 인근에서 빈번하게 잡히고 있다고 한다. 기후 온난화의 영향으로 동해안 수온이 따뜻해지면서 울릉도까지 자리돔이 이동한 것이다. 자리물회가 아직까지는 제주의 대표적인 '로컬 푸드'로 인식되고 있지만 조만간 지중해에서 제주까지 온 올리브처럼 그 지위를 울릉도에 넘겨주는 날이 올 수 있다.

끝없이 이동하는 작물 북한계선

한반도의 기온 상승률은 세계 평균 기온 상승치보다 훨씬 높다. 특히, 반도 이남인 우리나라는 아열대성 기후로 급하게 변하고 있다. 2070년에 접어들면 서울을 포함한 남한 지역 대부분이 아열대 기후에 들어갈 것이라고 한다.

지구 온난화는 주요 작물의 북한계선을 계속 북쪽으로 밀어 올리고 있다. 안 그래도 '금값'인 사과와 복숭아를 서늘한 강원도와 충청도의 산간 지역에서나 겨우 볼 수 있는 날이 머지않았다. 기후 변화는 사과와 복숭아 같은 온대성 작물의 재배지를 북쪽으로 이동시키면서 재배 면적을 축소시키고 있다.

기후 온난화로 농작물 북한계선이 북쪽으로 계속 이동하는 것을 반기는 나라도 있다. 바로 러시아. 러시아는 광활한 영토를 갖고 있지만 대부분이 영구 동토여서 농사지을 땅이 늘 부족했다. 하지만 지금은 북극에 인접한 동토 지역들의 여름 기온이 영상 30도를 웃돌면서 작물 재배가 가능한 땅으로 바뀌고 있다. 기후 온난화의 최대 수혜자가 러시아라고 해도 과언이 아닐 것이다.

지중해 연안의 북아프리카도 온난화의 수혜지로 꼽히고 있다. 그간 사막 열풍이 주변을 건조하게 만들어서 농사를 짓는 게 힘들었는데, 온난화로 열풍이 북상하고 그 자리에 대신 들어선 계절풍이 비를 많이 뿌려주고 있기 때문이다.

반면, 지중해 연안에서 북아프리카와 마주 보고 있는 남유럽 지역은 건조한 열풍이 올라오면서 경제적 피해가 늘고 있다. 날씨가 더 건조해지면서 강수량이 부족해 주요 재배 작물인 포도와 올리브의 생산량이 눈에 띄게 줄어들고 있기 때문이다.

한국 올리브 재배 최적지, 제주

제주도는 우리나라에서 가장 따뜻한 곳이다. 연평균 기온은 서울보다 무려 3.2도 높다. 특히 온난화 영향으로 기온이 꾸준히 상승해 아열대성 기후로 바뀌면서 아보카도, 망고, 구아바, 파파야 같은 아열대 과일들이 재배되고 있다.

아열대 작물은 감귤을 대신할 미래의 새로운 소득원으로 농가들 사이에서 인기를 끌고 있다. 소비자들의 입맛이 고급화되고, 동남아에서 이주해 사는 다문화 가정이 늘어나면서 아열대 작물 수요가 꾸준히 증대하고 있고, 게다가 온난화로 하우스 난방비까지 많이 절감되고 있기 때문이다. 아열대 과일은 대부분 하우스에서 시설 재배되고 있다. 하우스 재배는 초기 시설 비용이 많이 들어가 자본이 영세한 사람들은 접근하기 어렵다. 물론, 품도 적게 들고 친환경적 관리가 가능하다는 이점도 있긴 하지만 말이다.

감귤처럼 노지 재배가 가능한 '아열대' 작물을 찾다가 발견한 '보물'이 바로 올리브다. 제주 섬에서 올리브가 자랄 수 있는지 여부는 지중해보다 추운 겨울을 어떻게 버텨내느냐에 달려 있었다. 서귀포 올레시장 입구 케이티 앞에는 45년이 넘은 올리브 나무가 있다. 1978년에 케이티 건물이 새로이 지어질 당시 전화국 직원이 자기 집 마당에 있던 올리브를 옮겨와 심은 것이 여태 살아서 조경수로서의 자태를 뽐내고 있는 것이다. 어떤 품종인지는 확실하지 않지만 섬의 혹독한 겨울을 반세기 가까이나 견뎌냈다는 것은 제주에서도 올리브 재배가 가능하다는 희망을 주기에 충분했다.

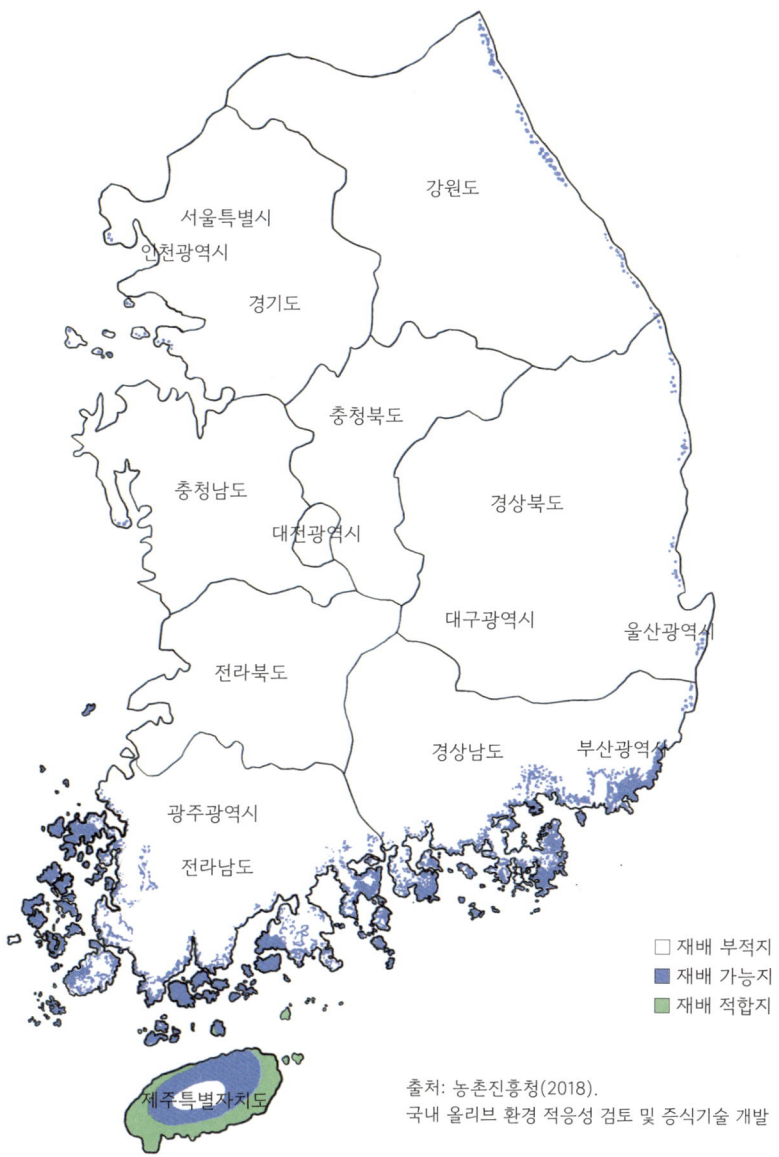

출처: 농촌진흥청(2018).
국내 올리브 환경 적응성 검토 및 증식기술 개발

•• **전국 올리브 재배 적합지 예측 지도**

제주도는 지구온난화 영향으로 기온이 꾸준히 상승해 아열대성 기후로 바뀌면서 아보카도, 망고, 구아바, 파파야 같은 아열대 과일들이 재배되고 있다. 올리브도 그중 하나이다.

동아시아에서 올리브 재배 역사가 우리나라보다 한참 오래된 일본의 경우 1981년에 올리브 중심 생산지인 쇼도시마의 기온이 영하 8.2도까지 내려간 적이 있었다. 농가들이 다들 올리브가 동사(凍死)하지 않을까 걱정했지만 다 자란 나무는 물론이고 어린나무도 냉해를 입지 않았다고 한다. 올리브는 기온이 영하 12도 밑으로 떨어지면 냉해를 입는다고 한다.

기후 온난화 영향으로 제주 섬의 경우 겨울철 최저 기온은 영하 5~6도이고, 연평균은 영상 15~20도로 기온이 꾸준히 상승하고 있다. 지중해 올리브 존(zone)[1]의 가장 추운 지역과 비교해도 제주 섬이 훨씬 따뜻한 편이다. 바로 이 지점이 '제주에서도 올리브 재배가 가능하다'고 판단하게 만든 결정적 요인이다.

지중해의 올리브 재배 지역 중 기온이 가장 낮은 곳이 스페인 팜플로나 지역이라고 알려져 있다. 이곳의 연평균 기온은 영상 12.9도이고, 최저 기온은 영하 15.2도이다. 반면, 가장 기온이 높은 지역은 이집트 포트사이드이다. 이곳의 연평균 기온은 영상 21.3도이고, 최고 기온은 무려 영상 45도에 이른다.

올리브는 고온 건조한 여름과 온난 다습한 겨울을 특징으로 하는 지중해성 기후에 최적화되어 있는 작물이긴 하지만 달라진 기후나 토양에도 무척 적응을 잘하는 편이다. 올리브가 살기에 적당한 연평균 기온은 영상 15~20도이고, 강수량은 연간 600~800밀리미터 정도라고 알려져 있다. 올리브는 건조한

---

[1] 올리브 존(zone): 북위 25~45도에 자리하는 지역 중 온난하고 건조한 지중해성 기후를 띠어 올리브가 잘 자라는 지역을 일컫는다.

기후에도 생존력이 강하여 연간 200밀리미터의 비만 내려도 버틸 수 있다고 한다.

물 빠짐이 좋은 화산 토양인 제주 섬은 한 해에 1,500밀리미터가 넘는 많은 비가 내리는 지역임에도 땅 위엔 물이 여간해선 잘 고이지 않는다. 뜨거운 용암이 식으면서 생겨난 무수한 틈으로 금세 물이 다 빠져나가 버리기 때문이다. 습한 토양을 별로 내켜하지 않는 올리브가 좋아할 조건이다.

제주도는 그리 규모가 크지 않은 섬임에도 한라산으로 인해 동서남북 기후가 다 다르다. 제주올리브스탠다드 농장이 위치한 제주 남서부는 감귤 재배지로 유명한 남동부보다 연간 강수량이 500밀리미터나 적다. 신규 올리브 농부들이 가장 유력하게 검토하고, 모여들고 있는 지역이다.

[Olive+]

올리브 백과사전

올리브는 물푸레과(Oleaceae), 올리브속(Olea)에 속하는 상록수이다. 'Oleaeuropaea L.'이라는 학명으로 아종에서는 재배종과 야생종으로 분류되고 있다. 품종은 400여 종이 있다고 알려져 있으나 일반적으로 알려진 품종은 50여 종이다. 품종에 따라 직립성, 개장성, 중간성 또는 가지 처짐 등의 특성이 있으며 굵기와 가지의 각도, 세기, 성장성 등에서 차이를 보인다. 성장이 빠른 속성수이며 환경 조건이 좋으면 20미터 높이까지 자란다. 수령은 매우 긴 편이며 지중해 연안 국가에서는 수천 년이 넘는 노수도 현존하며 현재까지 과실을 맺고 있다.

올리브 나무의 새 가지는 전년도 가지의 잎겨드랑이에서 자란다. 잎은 단단하고 두꺼운 편이며 품종에 따라 색상에 차이가 있다. 일반적으로 폭 1센티미터, 길이 4~8센티미터로 윗면은 광택이 있는 진녹색이고 뒷면은 은백색을 띤다.

천근성 식물(뿌리가 지표면 근처에 얕게 분포하는 식물)로 토양은 배수가 매우 중요하고 바람이 너무 강할 경우 뿌리가 약해질 수 있으므로 지주 및 고정을 잘 해야 한다. 제주에서는 4월 말 화기가 완성되며, 5월부터는 개화가 시작된다. 1수의 개화 기간은 일주일 정도이며 성화 기간은 2~3일이다. 꽃은 흰색 잔꽃이 꽃차례당 10~30개 착생한다. 꽃가루를 바람으로 날려 수정하는 풍매화지만 곤충을 매개로 수분하는 충매화이기도 하다. 자가불화합성이 높고 결실을 맺기 어려운 성질의 품종이 많아 수분수로서 다른 품종을 혼식하면 착과율을 더욱 높일 수 있다.

수정 후 과실은 급속도로 생장하며 약 40일 후에는 내과피가 핵으로 단단해져 외과피(과피), 중과피(과육), 내과피(핵)를 식별할 수 있게 된다. 이 시기 이후 고육 내에서 오일의 합성과 축적이 시작된다. 오일 합성은 개화기로부터 60~120일 정도 기간이 걸리고, 10월 말 이후부터 그린 올리브 착과를 시작하고 11월 이후 블랙 올리브를 볼 수 있다.

제주 올리브의 시작

반세기 전 아일랜드에서 선교를 위해 제주 섬으로 건너온 신부가 있었다. 그는 제주의 기후와 풍토에 맞는 목초를 개발하기 위해 뉴질랜드에서 축산 전문가까지 초빙하고 황무지를 개간해 이시돌목장을 만들어 제주 축산업 발전에 큰 공을 세웠다. 1954년에 제주에 와 90세의 나이로 눈을 감을 때까지 전쟁 후 가난한 섬사람들을 위해 일생을 바쳤던 패트릭 제임스 맥그린치 신부 이야기다.

제주에서는 기후 변화에 대응하여 새로운 소득 작물을 개발하고자 했다. 농촌진흥청 국립원예특작과학원 온난화대응농업연구소는 2012년부터 2017년까지 올리브 노지 재배 가능성 및 환경 적응성 평가 연구를 수행해 제주 지역이 올리브 노지 재배에 적합한 지역이라고 연구 결과를 발표했다.

올리브가 제주의 기후와 환경에 제대로 적응하는지를 살핀 결과 2013년 가을에 올리브를 첫 수확하는 감격을 맛볼 수 있었다. 그리고, 다음 해 가을에는 나무 한 그루당 올리브 열매를 2킬로그램 넘게 수확했다.

시험 재배를 위해 도입한 올리브 품종으로는 코로네이키, 프란토이오, 레치노, 마우리노, 버달레 등 20여 종이다. 그중 제주 올리브 농부들이 재배해 보고 제주의 자연 환경에 가장 적응력이 좋다고 판단한 품종은 레치노, 아르베키나, 코로네이키, 프란토이오, 피쿠알이다.

제주 올리브 농부 선호 올리브 품종 Top 5

	레치노	아르베키나	코로네이키	프란토이오	피쿠알
탄저병저항성	●●●●	●●●	●●●●●	●●●●	●●●
내한성	●●●●	●●●	●●	●●●●●	●●●
수확량	●●●	●●	●●●●	●●●●	●●●●●
착유율	●●●	●●●●	●●●●●	●●●●	●●●●●

* (ㄱㄴㄷ 순)

제주에서 올리브 재배가 가능하다는 것이 연구 결과로 입증된 이후, 올리브 재배 농가가 점차 확산되었고 제주올리브스탠다드에서도 초기 이 연구 자료들을 토대로 올리브 작물에 대한 확신을 가질 수 있었다. 현재는 제주 섬뿐만 아니라 남해안 지역에서도 올리브 농사에 관심을 갖는 농가들이 늘고 있다.

웰니스 바람을 타고 온 새로운 기회

웰빙 열풍에 이어 최근 몇 년 사이 '웰니스(Wellness)'가 세계적인 주목을 받고 있다. 웰빙에 도달하기 위한 도구가 웰니스인데 코로나19 팬데믹, 기후 변화, 자연 고갈 등 인간이 초래한 위기에 직면하게 되면서 심신의 건강과 영적인 충전을 통해 '더 건강하게 사는 것'에 대한 사람들의 관심이 폭증했기 때문이다.

이와 맞물려 올리브 오일에 대한 사람들의 시선도 쏠리기 시작했다. 올리브 오일이 노화와 염증을 예방[2]하는 데 큰 효능이 있다고 알려진 것이다.

---

[2] 올리브 오일에는 몸속 활성산소를 억제하는 항산화 성분인 페놀성 물질이 특히 많이 들어 있다.

미국에서는 1980년대에 일찍이 웰빙 현상이 나타나면서 건강한 식생활에 대한 관심이 높아졌다. 미국 사람들이 지중해 음식을 장수 식단으로 주목하면서 올리브 오일의 인기가 치솟기 시작했다. 이 당시 미국 사람들은 올리브 오일을 모든 질병을 예방하는 '치트키'처럼 바라봤다. 이때부터 미국의 올리브 오일 수입량은 해마다 두 배씩 늘어났고, 코로나19 팬데믹 기간에도 몸의 면역력을 키워줄 것이라는 기대로 올리브 오일 판매량이 엄청나게 증가했다. 미국은 현재 전 세계에서 세 번째로 올리브 오일을 많이 소비하는 국가이기도 하다.

미국은 올리브 오일 소비국이자 생산국 중 하나다. 지중해 연안과 유사한 기후를 보이는 캘리포니아 지역을 중심으로 올리브를 재배하고 있다. 1769년 프란치스코회 스페인 선교사들이 올리브를 가져와 캘리포니아 샌디에이고항에 심은 게 기원이고, 본격적인 올리브 재배가 이뤄진 건 19세기에 들어서다. 미국 올리브의 대표적인 품종은 '미션'이다. 스페인 선교사들이 가져온 올리브를 미국 풍토에 알맞게 개량한 품종이다. 미국 올리브 농가는 2000년대 이후부터 초밀식 재배를 도입하면서 수확량을 엄청나게 증가시켰다. 그래도 미국 내 올리브 생산량은 전 세계 생산량의 1퍼센트 정도밖에 되지 않는다.

동아시아에서 최초로 올리브를 도입해 재배에 성공한 나라는 일본이다. 한때 가격이 싼 수입산 올리브 제품과의 가격 경쟁에서 밀리며 일본에서 올리브 재배 면적이 현저하게 감소한 적이 있었는데, 다시 웰니스 바람이 불면서 올리브 수요량이 증가하고 재배 면적도 늘어나기 시작했다. 일본의 올리브 오일 수입량도 해마다 증가하는 추세다.

선진국들의 올리브 오일 소비량 증가 추이는 세계 GDP 14위인 우리나라의 올리브 시장 규모를 예측할 수 있는 지표가 될 것이다. 건강에 대한 관심은 소득 수준과 비례한다. 아직 국내 올리브 시장 규모가 GDP 수준으로 커지지 않았다는 것은 그만큼 성장할 여지가 많이 남아 있다고 해석할 수 있다. 확장될 올리브 시장에서 '제주 올리브'가 어디에 어떻게 포지셔닝 해야 할지 선제적인 전략이 필요하다.

[Olive+]

올리브 기원과 발전

최초의 올리브는 기원전 5000~2000년 경 흑해와 에게해, 지중해 사이의 시리아, 메소포타미아, 이스라엘 등 중동 일대에서 재배되었다. 그 후 이집트 방면으로 지중해 남북 연안에 퍼져 나갔다고 전해진다. 1560년경에는 멕시코, 남북아메리카에서 재배가 확대되었다. 전 세계 올리브 재배 면적은 1,000만헥타르로 전체의 64.8퍼센트가 유럽에서 재배되고 있으며, 아프리카 17.4퍼센트, 아시아 10.0퍼센트 순으로 재배되고 있다(International Olive Coucil, 2017).

중국은 9세기 무렵 선교사 및 사업가가 들여온 올리브가 산발적으로 재배되었고, 1956년 알바니아 정부로부터 선물 받은 30그루의 나무를 시작으로 올리브를 재배하였다.

일본은 1594년 스페인 왕 필립 2세가 에도 막부의 도요토미 히데요시에게 소금에 절인 올리브를 선물한 것이 최초의 기록이다. 그후 막부 정부가 기독교 전파를 막기 위해 쇄국정책을 펴는 바람에 일본은 올리브와의 인연을 더 이상 이어가지 못했다. 1861년 프랑스에서 수입한 올리브를 도쿄 인근에 심었지만 열매 맺기에 실패하였고, 1874년 메이지 시대 이탈리아와 그리스에서 가져온 나무를 남쪽 500킬로미터 부근에 심어 최초의 올리브 번식에 성공하였다. 현재 일본의 가가와현의 쇼도시마 섬에서 가장 활발하게 올리브를 재배하고 있다.

우리나라에는 2012년 온난화대응농업연구소를 중심으로 시험 재배가 시작되었고, 올리브 재배 면적은 6년 만에 0.2헥타르(2017년)에서 6헥타르(2023년)로 30배 증가하였다. 현재 노지 재배는 제주를 중심으로 남해안 일부 지역에서도 가능하다. 제주에서는 서부 지역이 강수량이 적고 일조량이 많아 올리브 재배에 가장 적합한 것으로 연구되고 있다.

02. 가지치기

극단을 경계하며

올리브를 키우다 보면 세상의 이치들이 하나둘씩 보이기 시작한다. 올리브 가지를 자라는 대로 그냥 방치해도 안 되지만, 그렇다고 과도하게 가지를 쳐서도 안 된다는 사실을 몸소 체험하고 있기 때문이다. 올리브 가지 사이사이에 바람이 잘 통하고 햇빛을 골고루 받게 하기 위해 올바른 가지치기는 필수다.

고대 그리스 철학자인 아리스토텔레스도 '극단을 경계'하는 삶을 강조했다. 그는 인간의 감정이 '모자람'과 '과도함'의 양극단에 치우치지 않고 '적절함(중용)'을 유지할 때 행복한 삶이 실현될 수 있다고 주장했다.

사람 간의 관계에서도 마찬가지라는 생각이 든다. 극단을 피하고 적절하게 '거리'를 유지해야 주변 사람들과도 오래 관계를 유지할 수 있다. 아무리 친한 사이라도 너무 멀리하면 소원해지고, 너무 가까이하면 실망하게 되는 법이다.

햇빛을 좋아하는 올리브

올리브는 햇빛 사랑이 유난한 양지식물이다. 올리브에게 일조 시간은 길면 길수록 좋은데, 한 해 동안 보통 2천 시간 넘게 햇빛을 쬐어야 한다.

이제 막 올리브 농사에 입문하기 위해 제주 섬에서 땅을 알아보러 다니는 예비 농부라면 일조량이 많은 서귀포 남쪽 토지를 권한다. 주머니 사정이 허락하는 한 말이다. 제주 섬은 한라산을 경계로 산북의 제주시 지역과 산남의 서귀포시 지역으로 나뉜다. 산남 지역의 일조량이 조금 더 많다.

올리브는 가지들이 '빽빽하게' 들어선 것을 별로 달가워하지 않는다. 햇빛이 채 미치지 못하는 그늘진 곳의 가지에서는 열매가 웬만해서는 달리지 않기 때문이다. 무성하게 자란 가지들을 솎아 햇빛에 최대한 노출해야 올리브가 더 튼실하게 자라고, 더 많은 열매를 맺을 수 있다. 그래서 올리브 농부들은 이구동성으로 가지치기가 올리브 재배에서 가장 중요한 부분이라고 말한다.

올리브 나뭇가지의 껍질 색이나 생김새는 품종에 따라 조금씩 다르지만, 보통 어린 가지는 가는 털이 빽빽하게 자란 겉껍질에 둘러싸여 있다가 한두 해가 지나면 털이 점점 사라지면서 단단해진다. 겉껍질은 수십 년에 거쳐 거칠거칠하게 변하면서 옹이가 박힌 모양이 되고 점차 벗겨져 나간다.

햇빛을 많이 받을수록 '열매가 달리는 가지'가 더 많이 돋아나기 때문에 해마다 가지를 잘 다듬어 줘야 한다. 가지치기할 때는 웃자란 가지, 빽빽하게 난 가지, 나무 안쪽을 향해 자란 가지, 병든 가지, 서로 부딪쳐 손상된 가지, 엉켜 버린 가지를 하나하나 다 잘라준다.

하지만, 애써 일한 수고를 물거품으로 만들어 버릴 수 있는 너무 과도한 가지치기는 피해야 한다. 가지를 너무 치게 되면 광합성에 필요한 햇빛과 이산화탄소를 얻기 위해 올리브는 더 많은 가지를 새로 만들어 내면서 제멋대로 자라버릴 수 있기 때문이다.

식물에게는 광합성이 그 어떤 일보다 중요하다. 원활한 광합성을 위해서

자기 몸을 변형하며 진화시킨다. '라피도포라'라는 식물은 위쪽에서 자라는 잎이 햇빛을 가려서 아래쪽 잎들이 제대로 광합성을 할 수 없게 되자 모든 잎에 '틈'을 내는 방향으로 진화하게 된다. 햇빛이 아래쪽 잎까지 골고루 미치게 하기 위함이다.

가지치기할 때는 남은 가지에 상처를 내지 않도록 주의를 기울여야 한다. 쉽게 병균이 침입할 수 있기 때문이다. 날씨가 따뜻할수록 가지에 난 상처로 인해 질병이 발생할 위험성도 커진다. 그래서, 가지치기는 찬 공기가 아직 남아 있는 2~3월을 넘기지 않고 해치워 버리는 게 좋지만, 적어도 고사리 장마[3]가 시작되는 4월 중순 이전에는 끝내줘야 한다. 습한 기후에는 병균이 더 기승을 부릴 수 있다.

불멸의 나무

제주 섬에는 시골 마을 어귀마다 오래된 '폭낭'(팽나무)이 있다. 예전에는 폭낭 밑이 마을 사람들의 쉼터였다. 폭낭 그늘 아래 평상을 놓고 둘러 앉아 '사는' 얘기도 하고 마을 대소사도 의논했다. 몸이 비틀리면서도 수백 년 동안 동네를 지키며 꿋꿋하게 버티고 서 있는 폭낭을 보고 있노라면 '신령한 기운'이 느껴지기도 한다. 그래서 폭낭은 신당(神堂)으로 이용되기도 했었다.

---

3 고사리 장마: 제주는 해마다 4월 중순에 접어들면 장맛비가 내리는 짧은 기간을 맞이한다. 이 시기를 고사리 장마라고 부르는데 야생 고사리가 싹을 틔우기 시작하면 어린 고사리를 캐러 중산간을 향하는 사람들이 엄청나게 늘어난다.

제주 섬의 '폭낭'처럼 지중해 지역에서 가장 '신령한' 존재가 바로 올리브 나무다. 올리브는 인류의 가장 오래된 농작물 중 하나로, 한번 열매를 맺으면 수백 년 동안 수확이 가능하기 때문에 영생(永生)과 불멸을 상징한다.

올리브의 평균 수명은 대략 5백 년 정도지만 지중해에는 수천 년 된 야생 올리브도 많이 존재한다. 이탈리아의 남부 휴양 도시인 풀리아주의 한 올리브 농장에는 몸을 세 번이나 뒤틀어 자신의 나이가 3천 년이나 됐음을 알리는 올리브가 아직도 파릇파릇한 잎을 달고 있다. 지중해 사람들에게 올리브는 의심할 여지 없는 불멸의 존재이기도 하다.

지중해 사람들이 올리브를 불멸의 존재로 신성시하는 데는 성서의 역할도 크다. 구약성서 창세기 편의 '노아의 방주' 이야기에는 올리브가 등장한다. 하느님이 예언한 대홍수가 일어나자 방주에 머물며 홍수가 끝나길 기다리던 노아가 땅에 물이 얼마나 빠졌는지 알아보기 위해 비둘기를 날려보냈는데, 해가 저무는 시간에 금방 딴 올리브 잎사귀를 물고 돌아왔다는 이야기. 대홍수로 세상의 모든 것이 다 사라지는 동안에도 올리브만은 파릇파릇하게 싹을 틔우며 건재하고 있었던 것이다.

가장 오래된 올리브의 흔적은 그리스에서 발견된 약 4만 년 전의 야생 올리브 화석이라고 알려져 있다. 올리브가 맨 처음 재배된 시기는 기원전 5천 년경의 신석기 시대로 동부 지중해 인근의 튀르키예와 시리아 일대에 살았던 사람들에 의해서다. 이후 에게해 문명의 중심지였던 그리스의 크레타섬을 중심으

●● Olive tree of Vouves
이탈리아의 남부 휴양 도시인 풀리아주의 한 올리브 농장에는 몸을 세 번이나 뒤틀어 자신의 나이가 3천 년이나 됐음을 알리는 올리브가 아직도 파릇파릇한 잎을 달고 있다.

로 올리브가 활발히 재배되었고, 상업이 발달했던 그리스는 무역을 통해 유럽으로 올리브를 전파하게 된다. 올리브의 역사가 오래된 만큼 최초의 올리브 재배에 대해서는 새로운 사실이 등장할 때마다 그 시기가 계속 바뀌고 있다.

과거에는 그리스에서 올리브 생산이 가장 활발했지만, 현재 올리브를 가장 많이 생산하는 국가는 스페인이다. 거대 제국을 형성했던 로마에게 올리브를 특산품으로 진상하기도 했었다. 현재 스페인은 안달루시아 지역을 중심으로 전 세계 올리브의 50퍼센트 이상을 생산하고 있다.

올리브 잎의 재발견

지중해 사람들은 감기에 걸리면 올리브 잎차를 따듯한 물에 우려 마신다고 한다. 올리브 잎에 함유된 올러유러핀(Olueropein)이라는 항산화제가 면역력 강화에 도움이 되기 때문이다. 이집트에서는 사과 표면을 코팅할 때 약품에 올리브 잎 농축액을 소량 섞어 사용하기도 한다. 올리브 잎의 항산화 성분이 사과의 부패를 지연시키는 효과가 있다고 생각하기 때문이다.

올리브 나무가 건조하고 일조량이 강한 척박한 환경에서도 수천 년 동안 거뜬히 생존할 수 있었던 이유도 이 올러유러핀 때문이라고 알려져 있다. 올리브 잎에는 오일보다 훨씬 더 많은 올러유러핀이 들어 있다.

올리브 잎으로 만든 화환은 유서가 깊다. 고대 올림픽에서는 승자에게 야생 올리브 나뭇가지와 잎으로 만든 화환을 수여했고, 고대 이집트의 소년 왕

투탕카멘의 묘에서도 올리브 화환이 발견되기도 했다. 또한 지중해 북동부의 키프로스 섬에서는 올리브 잎 화환이 결혼식에서 빠지지 않는다고 한다. 키프로스 섬 사람들은 올리브가 축복을 의미하고, 악마의 눈을 피할 수 있게 한다는 믿음을 가지고 있다.

올리브 잎은 그 시각적 아름다움으로 예술가들에게 많은 영감을 줬다고 알려져 있다. 특히, 세잔이나 고흐 같은 19세기 유럽의 인상파 화가들이 올리브 숲을 소재로 한 작품을 많이 남겼다. 자그만 바람에도 녹색과 은색을 교대로 내보이며 일렁이는 올리브 잎이 아마도 예술가들을 깊은 황홀경에 빠뜨렸나 보다.

올리브 가지치기

올리브는 몇 살부터 가지치기를 해줘야 할까. 나무가 한두 살 정도밖에 안 됐다면 가지와 잎이 자라는 대로 그냥 놔두는 게 좋다. 어린나무는 성장을 위한 영양분을 얻기 위해 부지런히 광합성을 해야 하기 때문에 잎이 가능한 많이 달려 있어야 한다. 가지치기는 적어도 4년생 이상부터 해주는 게 좋다. 올리브는 품종에 상관없이 열매를 맺을 때까지 4~5년 정도 걸린다.

늙은 나무도 과감하게 가지치기를 해주면 젊은 나무처럼 파릇파릇해지면서 열매가 많이 열릴 수 있다. 가혹한 가지치기가 때론 늙은 나무에 활력을 불어넣는 효과가 있다. 잘려 나간 곳이 많을수록 새로운 싹이 더 많이 트기 때문에 지중해에서는 나무 크기를 1~2m 정도로 심하게 잘라 주는 경우도 있다.

한번에 싹뚝 자르는 게 아니라 몇 해에 걸쳐 일정한 간격을 두고 진행한다. 새싹을 틔우기 위해서는 영양분이 필요하기 때문에 광합성을 할 수 있도록 잎을 충분히 남겨두는 것도 잊지 않는다.

올리브는 회복력이 엄청 강한 편이다. 나무의 70퍼센트 가량을 베어내는 심한 가지치기에도 죽지 않고 살아나 새로운 삶을 사는 올리브도 있다. 강인하게 회복하는 힘이 있기에 오랜 세월 동안 우리 곁에 이어져온 것이 아닐까.

대부분의 과실들은 수확량이 많은 해와 적은 해가 번갈아 나타난다. 이를 해거리 현상이라고 한다. 한 해 많은 열매가 열리고 나면 나무의 에너지가 거의 소진되어 다음 해 열매를 맺기 위한 싹들을 많이 만들 수가 없다. 그래서 그다음 해에는 열매가 적게 열리게 된다. 또, 열매가 적게 열린 해에는 나무에 잉여 에너지가 많이 남아 있어 다음 해에는 열매가 많이 달리게 된다. 사과를 예로 들면 한 해 작은 크기의 사과를 많은 양 수확하고 나면 그다음 해는 큰 사과가 적은 양 달린다.

수확량이 해마다 들쑥날쑥하게 되면 생산자나 소비자 모두 불편함을 겪을 수밖에 없다. 개화 시기(여름철)에 가지치기를 통해 미리 수확량을 조절하면 과실 나무의 해거리 현상을 완화할 수 있다.

'해거리' 현상은 올리브에도 물론 나타난다. 위로 곧게 자라는 직립형 품종의 경우는 해거리에 강한 편이고, 옆으로 넓게 퍼져 자라는 개장형 품종의 경우는 해거리에 약하다. 올리브는 품종별로 나무의 모양이 조금씩 다르다. 해

개장형 품종의 가지치기

가지치기하면
그 위로는 자라지 않음

나무가 낮게 자라
손으로 수확 용이

직립형 품종의 가지치기

위로 곧게 자람

중심 지주가 하나
밖에 없는 형태로
기계로 수확 용이

•• 올리브 품종에 따른 가지치기

위로 곧게 자라는 직립형 품종의 경우는 해거리에 강한 편이고, 옆으로 넓게 퍼져 자라는 개장형 품종의 경우는 해거리에 약하다. 해거리에 약한 개장성 품종의 경우 가지치기에 특별히 신경을 써줘야 한다.

거리에 약한 개장성 품종의 경우 가지치기에 특별히 신경을 써줘야 한다. 직립형의 대표적인 품종은 미션[4]이고, 개장형의 대표적인 품종은 만자닐로[5]이다.

미션은 미국의 대표적인 올리브 품종으로 스페인 선교사들이 가져온 올리브를 미국 풍토에 맞게 개발한 품종이다. 미션의 사례를 알게 되면서 제주형 올리브 품종 개발의 희망도 가져볼 수 있게 되었다. 오일을 한 모금 넘겼을 때 감귤 풍미가 느껴지는 제주형 토착 올리브 품종을 만들어낼 수는 없을까. 상상만으로도 짜릿하다. 미션은 직립해 자라는 특성 때문에 강풍에 취약해 바람이 많은 제주 섬에서 재배하기에는 적합하지 않다.

가지치기의 목적은 나무에 햇빛을 골고루 줘서 더 많은 열매를 맺게 하기 위함이지만, 나무 형태를 인위적으로 조절해 기계나 손으로 수확할 때 수월하게 하려는 의도도 있다.

가지치기가 제대로 안 된 나무는 효율적으로 열매를 수확할 수 없다. 너저분하게 펼쳐진 가지들에 열매가 흩어져 달려 있으면 기계로 수확하든 사람이 직접 손으로 따든지 간에 쉽지가 않다. 또한, 올리브가 일정 수준 이상 자라지

---

4 미션(Mission) : 미국 캘리포니아의 토착 품종으로 오일 함유율이 아주 높지는 않지만 열매가 많이 달리는 품종이라 오일용으로 많이 이용된다. 열매 크기도 작지 않아서 절임으로도 만들어진다.

5 만자닐로(Manzanillo): 스페인이 원산지로 꽃눈이 잘 생기고 열매가 많이 맺히는 성질이 있다. 만자닐로는 크기가 크고 과육이 치밀하여 햇과일 절임용으로 주로 이용되는데 상품성 있는 열매를 수확하려면 꽃과 열매를 잘 솎아줘서 크기를 관리해 줘야 한다. 과실의 오일 함유량도 높아 올리브 오일을 만드는 데도 이용된다. 미국 사람들이 가장 선호하는 스페인 올리브 품종이며, 과육이 크고 씹는 식감이 좋아 마티니 칵테일 올리브로도 사랑받고 있다. 만자닐라라고도 부른다.

못하도록 생장점을 부지런히 잘라주지 않으면 키가 너무 커져 버려 사다리를 이용해서도 열매를 따는 게 불가능해질 수 있다. 최첨단 기계를 장착한 트랙터로 수확하는 경우에는 가지치기를 통해 나무의 키를 일정하게 맞춰주는 게 무엇보다 중요하다.

올리브 산업 초창기 뉴질랜드에서 있었던 재미있는 일화가 있다. 당시는 올리브 재배와 관련된 제대로 된 지식이 없던 터라 농부들은 가지치기를 전혀 하지 않고 올리브 나무가 자라는 대로 그냥 놔뒀던 모양이다. 어느 해 올리브 수확 철이 됐을 때 올리브 나무의 키가 너무 커져버린 탓에 농가 혼자의 힘만으로는 수확을 할 수 없게 되자 지역 소방대에 도움을 요청해서 간신히 올리브를 수확할 수 있었다고 한다.

지중해 지역에서는 올리브 나무의 모양을 부르는 예쁜 이름이 있다. 개장형은 꽃병 모양, 직립형은 크리스마스트리 모양이라고 한다. 지중해 지역 올리브 농장에서는 '꼿꼿이한 꽃병' 모양을 만드는 가지치기를 선호한다. 꽃병 모양은 중심 가지가 여럿인 형태로 햇빛이 관통하도록 나무 중앙을 비우는 게 핵심인 형태다. 나무 가운데를 비우면 햇빛이 모든 가지에 두루 미칠 수 있어 수확량이 늘어나고, 나무의 위쪽보다는 옆쪽에 열매가 많이 달려 손으로 수확하는 데 편하다.

크리스마스트리 모양은 중심 지주가 하나밖에 없는 형태로 기계로 수확하기 쉽게 고안된 가지치기 방식이다. 지중해의 전통적 올리브 농가에서는 선호하지 않는 나무 형태다. 반면, 미국의 캘리포니아 지역의 기업형 올리브 농장에서는 크리스마스트리 형태의 올리브 나무를 선호한다.

베란다 올리브 가지치기

올리브는 성장이 빨라 집 정원이나 베란다 화분에서 키우기 쉬운 나무이다. 특히, 가지치기를 통해 쉽게 원하는 나무 형태를 만들 수 있어서 반려 식물을 기르는 사람들에게 인기가 많다. 어떤 모양으로 올리브 나무를 자라게 할지를 정해서 해마다 조금씩 정교하게 가지치기해주면 다양한 형태의 올리브 나무를 가질 수 있다.

올리브를 가지치기하지 않고 그대로 키우면 보통은 하나의 가지가 계속 위로 뻗는 형태로 자라게 된다. 그 결과 아래쪽 가지들은 햇볕을 잘 받지 못해 성장 속도가 느려진다. 햇빛을 골고루 받을 수 있도록 올리브 나무를 옆으로 넓게 퍼지는 형태로 키우고 싶다면 햇가지 윗부분을 잘라줘야 한다. 거기에 곁눈이 나면서 새 가지가 와이자(Y) 모양을 그리며 자라나게 된다. 이 과정을 반복하면 나뭇가지들이 옆으로 넓게 뻗어나가는 나무 형태가 만들어진다.

하지만 집에서 올리브를 키울 때 열매를 맺게 하기는 쉽지 않다. 올리브는 자가수분을 선호하지 않는 식물이기 때문에 열매를 얻기 위해선 두 개 이상의 품종을 함께 길러줘야 한다. 그리고 꽃가루가 날릴 수 있게 바람이 잘 드나드는 곳에 두거나 개화시기 직접 수정을 해줘야 한다. 번거롭다면 자가결실성이 있어 한 그루만 있어도 열매를 수확할 수 있는 품종을 키우는 것을 추천한다.

올리브나무는 건조함을 잘 참아내지만 꽃이 피기 전후나 열매가 막 매달리기 시작한 시기에 수분이 모자라면 극심하게 스트레스를 받을 수 있기 때문에 이 시기에는 물을 충분히 주는 것도 잊지 말아야 한다.

03. 삽목과 재식

자연의 플랜비(Plan B)

　농부는 지구 상에서 유일하게 생산자의 입장으로 새로운 생명을 창조한다. 저절로 씨앗을 퍼뜨려 증식하는 방법 이외에 파종, 삽목 등의 방법으로 나무와 꽃을 비롯한 식량을 생산한다. 아이러니하게도 인구 증가와 식량 문제 그리고 식문화의 고급화 등 문명 발달로 우리는 이제 이 굴레를 벗어날 수 없는 상황에 놓였다. 올리브도 더 많은 열매와 오일을 맛보기 위해 점점 더 많은 나무가 필요하게 되었다.

　올리브 삽목에는 녹지삽[6], 반숙지삽[7], 숙지삽[8]을 모두 이용할 수 있다. 숙지삽목은 1년 내내 실시가 가능하지만, 녹지삽목은 어린잎이 생장하는 5~7월까지, 반숙지삽목은 줄기가 어느 정도 경화되는 8월 이후부터 하는 것이 좋다. 녹지삽목은 어린 가지들이 많이 돋아나 가지치기를 해줘야 하는 3~4월에 주로 진행된다. 잘려진 가지들 중에서 꽃눈이 달려 이듬해에 꽃이 피고 열매를 맺을 가능성이 있는 일년생 가지를 주로 이용한다. 짧은 시간에 많은 묘목을 얻을 수 있다는 장점 때문에 올리브 농가에서 가장 많이 사용하고 있는 번식법이다. 지중해 지역의 올리브 농가도 이 녹지삽목을 도입해 올리브를 번식시키면서 수확량이 비약적으로 증가했다고 한다.

6　녹지삽: 경화가 덜 된 어린 가지를 이용할 경우 뿌리가 잘 발생하는 성질을 이용한 삽목 방법
7　반숙지삽: 새 순이 반 정도 숙도가 진행된 삽수를 이용한 삽목 방법
8　숙지삽: 목본류의 새순이 목질화 된 것을 이용한 삽목 방법

사실, 농부들이 이처럼 조물주를 조금이라도 흉내 낼 수 있는 이유는 식물들이 씨앗으로 자손을 번식하기 어려운 환경에 놓일 때를 대비한 '플랜비'를 마련해 놓았기 때문이다.

식물들은 진화를 거듭하면서 암술과 수술의 생식기관이 아닌 잎이나 줄기, 뿌리 등의 영양 기관을 이용한 번식 방법을 찾아냈다. 영양 번식이라 불리는 이러한 번식 방법은 모체의 유전 형질이 자손에게 그대로 전해져 품종 보존이 가능하고 비교적 짧은 시간에 간단하게 자손을 불릴 수 있다는 장점이 있다. 하지만, 달리 보면 대단히 위험한 번식 방법이기도 하다. 유전적 다양성이 사라져 나쁜 환경에 노출되었을 때 개체가 전멸할 위험성이 크고, 모체의 병이 자식에게 그대로 똑같이 전달된다는 문제가 있다.

오랜 세월을 거치며 식물이 스스로 터득한 영양 번식법을 농부들은 자신이 재배하는 작물의 번식을 위해 이용하고 있다. 이를 인공 영양 생식이라고 하는데, 대표적으로 삽목(揷木), 접목(接木), 취목(取木)이 있다. 삽목은 꺾꽂이, 접목은 접붙이기, 취목은 휘묻이라고도 부른다. 올리브도 굵은 목대를 가지치기할 경우 취목의 방법을 사용하여 분리해 뿌리를 생장 시키기도 한다.

올리브의 플랜비

삽목 작업은 일정 온도와 습도를 갖춘 비닐하우스에서 진행된다. 모수에서 떨어져 나온 어린 가지는 쉽게 죽을 수 있기 때문이다. 비닐하우스의 삽목장 내부 온도는 영상 25도, 습도는 90퍼센트 정도로 유지해 주는 게 좋다. 또한 뿌리 생장을 활발히 하기 위해 빛을 차단한다.

삽목을 위해선 우선 결과지(結果枝) 끝부분의 일년생 가지를 약 12센티미터 길이로 자른 후 잎을 두세 장만 남기고 밑의 잎을 제거해준다. 삽목하는 어린 가지도 광합성을 해야 하기 때문에 잎을 조금 남겨두는 것이지만, 영양분과 수분을 뿌리내리는 데 집중시키기 위해서는 잎의 세력을 조금 약하게 만들어줘야 한다. 그래서 남은 이파리의 끝도 조금 잘라준다. 가지 아랫 부분을 자를 때는 절단면의 표면적이 가능한 넓어지도록 대각선 모양으로 잘라준다. 그래야 물을 많이 흡수할 수 있고, 뿌리가 내릴 수 있는 면적도 늘어나기 때문이다.

가지를 절단한 후에는 절단면에 뿌리를 빨리 내리게 하는 촉진제를 발라 모판에 꽂아준다. 이때 모판의 온도는 영상 20도에서 25도 사이를 벗어나지 않도록 잘 유지해줘야 한다. 모판에는 물 빠짐이 좋은 펄라이트[9]나 녹소토[10]를 깔아준다. 상토를 이용하기도 하는데 미생물이 번식해 줄기가 막히지 않도록 살균이 중요하다.

삽목 후에는 충분히 모판에 물을 뿌려줘야 하고 주기적으로 물을 분사(噴射)해서 늘 높은 습도를 유지해줘야 한다. 그리고 삽목장에는 차광 시설을 설치

---

9 펄라이트(pearlite): 화산암의 일종인 진주암을 고온으로 처리하고 분쇄한 무균의 가벼운 약산성 소재로 배수와 통기성이 뛰어나다.
10 녹소토(ganumato): 화산석의 일종으로 도치기현 가누마시에서 생산된다. 통기성과 보수력이 좋다.

해 직사광선이 모판에 닿지 않도록 한다. 햇빛을 사랑하고 습한 날씨를 싫어하는 올리브가 그 반대의 환경에서 지내는 유일한 시기라고도 할 수 있다.

모판에 꺾꽂이하고 2주가 조금 지나면 가지 절단면에 캘러스[11](callus)가 형성되고, 2개월 정도 지나면 절단면에 보통 60퍼센트 넘게 뿌리가 내린다. 삽목이 성공적으로 끝났을 때의 얘기다. 삽목을 실패하는 경우도 다반사다. 생명 창조가 결코 쉬운 일이 아님을 삽목을 통해 절감하게 된다.

어린 묘목이 올리브 나무가 되기까지

삽목장 모판에서 갓 뿌리를 내린 여리고 가냘픈 올리브는 화분으로 옮겨져 한동안 비닐하우스에서 지내게 된다. 그러다 뿌리가 튼튼히 자리잡게 되면 햇볕이 잘 들고 물 빠짐이 좋게 이랑을 만든 밭으로 이사 가 2년 동안을 지내게 된다. 이 시기에는 어린 올리브에게 영양분을 듬뿍 제공하면서 생장을 촉진해야 한다. 이랑 심기할 때 폭은 1미터, 올리브 나무 간격은 15~20센티미터로 네 줄 심기를 해준다. 2년 동안 자란 올리브 뿌리는 땅속 깊이 뻗지 않고 얕게 내려 대부분 땅속 40센티미터 이내에서 자리를 잡는다.

2년 동안 이랑 밭에서 성장한 올리브는 다시 평생을 정착해 살아갈 본밭으로 옮겨가야 한다. 이를 '아주심기'라고 한다. 올리브 묘목은 뿌리를 잘 내리는 편이지만 아주심기할 때는 가지와 잎을 조금 강하게 잘라 영양분을 뿌리에

---

11 캘러스: 상처 난 곳에서 되살아나는 얇은 벽을 가진 미분화된 세포덩어리

● 올리브 삽목하기

1. 올리브 가지를 12cm 크기로 자른다.

2. 잎을 2~4장 남기고 모두 떼어낸다.

3. 1시간 정도 물올림 후 뿌리 발근제를 바른다.

4. 펄라이트나 상토에 5cm 깊이로 심어준다.

5. 차광 후 습도가 유지될 수 있도록 한다.

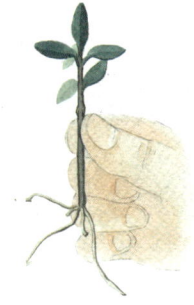

6. 약 6-8주 후 뿌리가 형성되면 화분에 이식한다.

●● 제주올리브스탠다드 농장 전경

집중시켜 충실하게 자랄 수 있게 만들어줘야 한다. 뿌리내리기가 늦어지면 꽃이 피고 열매를 맺는 데 나쁜 영향을 준다.

본밭으로 이식하고 나서는 뿌리내리기를 제대로 할 때까지 물을 충분히 공급하고 뿌리 주변에 볏짚을 깔아서 토양이 건조해지는 걸 막아주면 좋다. 아주심기할 때의 재식 간격은 가로 4m, 세로 4m가 적당하다. 본밭에서 다시 2년을 지내면 꽃이 달리고, 열매가 맺히기 시작한다.

올리브가 터 잡고 살아갈 본밭은 보통 빠르면 1년 전부터, 늦어도 반년 전부터는 준비를 해줘야 한다. 올리브가 평생 살아가는 데 무리가 없도록 비옥한 토양을 만들어주는 데는 충분한 시간이 요구되기 때문이다. 넓고 깊게 판 구덩이에 석회고토[12]와 계분[13](鷄糞), 용성인비[14]가 섞인 비료를 뿌려서 영양분을 충분히 공급해주면서 토양 상태를 개선해주는 게 무엇보다 중요하다.

땅의 생산력을 높이고 작물이 잘 자라도록 돕는 영양물질을 통틀어 비료라고 한다. 비료의 화학적 성분은 크게 질소(N), 인산(P), 칼륨(K)이다. 용량을 초과해서 비료를 사용하게 되면 작물은 오히려 꽃을 피우고 열매를 맺는 일을 등한시하고 자신의 몸집을 키우는 데만 집중하게 된다.

식물은 생장 단계별로 필요한 영양소가 있다. 잎이 잘 자라지 않고 있다면 질소가 부족한 상황이고, 꽃과 열매, 뿌리의 발달이 힘들다면 인이 부족한 것

---

[12] 석회고토: 대표적인 토양 계량제로 마그네슘을 많이 함유하고 있는 석회 분말이다.
[13] 계분: 닭의 똥으로 질소나 인산이 많아 거름으로 많이 쓴다.
[14] 용성인비: 인산 비료의 일종으로 알칼리성이다. 산성 땅이나 화산재가 섞인 땅 또는 새로 개간한 땅에 알맞은 비료이다.

이고, 질병에 시달리고 있다면 칼륨이 부족하기 때문이다.

비료에는 화학 비료와 유기질 비료가 있다. 친환경 농법을 추구한다면 화학 비료보다는 유기질 비료를 추천한다. 유기질 비료로는 주로 생선가루, 동물 뼛가루. 가축 분(糞)에 왕겨나 톱밥 등을 섞어 만든 퇴비가 사용된다. 가정에서 손쉽게 구할 수 있는 재료로는 채소, 과일 껍질이나 부엽토, 커피박 등을 활용할 수 있다.

제주 섬사람들은 주변 환경을 활용해 땅을 기름지게 만드는 방법을 많이 고민했었다. 화산섬에 토양이 거칠어 농사짓기가 쉽지 않았기 때문이다. 해녀나 어부들이 어로 작업을 하다가 채취한 미역과 감태 등의 해초를 거름으로 이용했고, 넘치게 잡히는 멸치를 밭에 그대로 뿌리기도 했다. 해초와 멸치 거름은 편리한 화학 비료로 대체되면서 더 이상 사용되고 있지 않다.

본밭에 올리브를 '아주' 심을 때는 나무들끼리 충분한 간격을 두고 '듬성듬성' 심어줘야 한다. 재식 간격은 4미터 x 4미터 기준으로 심는 것이 좋은데 이 간격 이상일 때 바람도 잘 통하고 나무들이 햇빛도 골고루 받을 수 있다. 욕심을 부려 나무를 빽빽하게 심었다가는 올리브 나무들이 양분과 수분을 놓고 다투면서 수확량이 더 떨어질 수 있다.

최근에는 올리브를 빽빽하게 심는 게 수확량을 늘리는 데 더 유리하다는 의견도 나오고 있다. 빽빽하게 심으면 햇빛과 영양분, 수분을 놓고 서로 다투기는 하지만 생존 능력은 더욱 강해질 수 있다는 논리다. 세력을 키우지 못한 나무들은 열매를 키우는 데 더 힘써서 더 많은 올리브 수확이 가능하다고 주장한다.

초밀식(Ultra Dense)이냐 초가치(Super Value)냐

지중해 지역의 올리브 농가들은 주로 전통적 방식으로 올리브를 재배하고 있다. 전 세계적인 수치를 봤을 때도 올리브 농가의 70퍼센트가 아직도 전통적 방식의 농법을 채택하고 있다. 전통적 재배 방식의 핵심은 나무 간격을 여유 있게 두어 듬성듬성 심는 것이다. 보통 1헥타르당 적게는 17그루, 많게는 150그루 정도의 올리브를 심는다고 한다.

지중해 지역에서는 기후 특성 때문에 재식 밀도가 낮게 올리브를 심을 수밖에 없다. 지중해의 올리브 존에서는 여름과 가을 동안에 긴 가뭄이 이어지는데, 이 시기에 올리브는 부족한 수분 때문에 크게 스트레스를 받게 된다. 올리브 나무를 듬성듬성 심어줘야 그나마 수분을 조금이라도 흡수할 수 있다. 올리브 나무가 서로 충분한 간격을 두고 떨어져 있으면 햇빛도 골고루 받을 수 있고, 열매를 수확하기에도 편하다.

올리브를 빽빽하게 심는 밀식 또는 초밀식 재배는 전세계적으로 아직 30퍼센트 정도에 불과하다. 가장 먼저 초밀식 재배를 시도한 나라인 스페인에서도 여전히 전통적 방식의 농법이 우세하다. 초밀식 재배에서는 1헥타르당 적게는 400그루, 많게는 2000그루까지 올리브 나무를 심는다.

1970년대부터 노동력 부족과 늘어나는 생산비에 대처하기 위한 자구책으로 기계를 이용한 올리브 재배와 수확이 절실해지기 시작했다. 초밀식 재배를 채택하기 시작한 이유다. 초밀식 재배는 생산성이 뛰어난 고수익 방식이라 전 세계적으로 급속하게 확산되고 있다. 전통적 방식의 올리브 재배를 고집하는 지중해의 농가들이 초밀식 재배법을 도입하는 것은 어쩌면 시간 문제일 수 있다.

세계적으로 올리브 오일의 소비량이 한 해 평균 3~4퍼센트 정도 늘어나고 있다고 한다. 증가하는 올리브 오일 수요에 대처하기 위해서는 전통적 방식의 재배로는 한계가 있고, 초밀식 재배를 통해 생산의 효율성을 높여야 한다는 데 동의하는 올리브 농가가 점차 많아지고 있다.

전 세계 올리브 생산량을 따져보면 전통적 방식의 재배가 60퍼센트를 차지하고, 밀식 재배와 초밀식 재배가 40퍼센트를 차지한다. 면적당 생산성이 전통적 재배보다 밀식 재배가 높다.

아르헨티나, 오스트레일리아, 미국 등 전통적 올리브 존이 아닌 새롭게 부상한 올리브 재배 지역에서는 광범위하게 초밀식 재배를 채택하고 있다. 특히, 전 세계에서 세 번째로 올리브 소비를 많이 하는 국가이기도 한 미국에서는 캘리포니아에 초밀식 재배법을 도입한 기업형 올리브 농장이 다수 포진해 있다. 캘리포니아는 2000년대 이후부터 초밀식 재배법을 사용하여 수확량을 많이 증가시켰다. 하지만 아직은 미국의 올리브 생산량이 세계 생산량의 1퍼센트 정도밖에 되지 않는다.

전통적 방식의 농법을 고집하는 올리브 농가에서는 오히려 전통적 재배법이 고부가 가치를 창출할 수 있는 방안이라고 주장한다. 세계적으로 환경친화적이고 지속 가능한 상품에 대한 수요가 꾸준히 증가하고 있는데, 전통적 재배법은 비록 효율성은 낮지만 유기농 재배, 핸프 피킹 수확이라는 차별성을 통해서 이런 추세에 부합할 수 있다는 이유에서다.

제주 올리브 농부가 지향해야 할 방식은 초밀식일까, 초가치일까. 비용 효율화를 추구하는 초밀식인지, 차별성을 부각하는 초가치인지는 각자의 선택에 달려 있을 것이다. 다만, 제주의 환경와 기회에서 주어지는 선택지는 많은 고민이 필요해 보이지 않는다.

04. 개화와 수정

제주 제 2의 대학나무를 꿈꾸며

　상반된 성격을 가진 연인이나 부부들을 심심찮게 볼 수 있다. 급한 성격의 사람은 차분한 사람에게, 내성적인 사람은 외향적인 사람에게 매료된다. 올리브도 마찬가지로 서로 다른 품종 간의 수분이나 타가수분[15]을 선호한다.

　물론 모든 올리브가 같은 품종끼리의 가루받이나 자가수분[16]을 꺼리는 것은 아니다. 스페인 카탈루냐 지방이 원산지이며 한국에서도 큰 사랑을 받고 있는 아르베키나처럼 혼자서도 수분을 척척 해내서 열매를 쑥쑥 잘 내놓는 올리브 품종도 꽤 있다.

　올리브는 제주 섬을 대표하는 상품작물인 감귤과 개화 시기가 비슷하다. 둘 다 5월에 잎겨드랑이에서 작고 하얀 꽃이 피어나는데 올리브 꽃은 향기가 거의 없지만 감귤꽃에서는 짙은 향기가 난다.

　제주에서 노지 재배되는 감귤은 '온주밀감'이다. 1980년대까지만 해도 '온주밀감'을 '대학나무'라고 불렀다. 당시는 밀감나무 한 그루만 가지고 있어도 자식 하나 정도는 무난히 대학 공부를 시킬 수 있었던 시절이었다. 일제강점기에 제주에서 선교 활동을 하던 가톨릭 신부가 일본에 있던 동료 신부로부터 온주밀감 14그루를 받아 심으면서 제주 감귤 역사가 새로 쓰여지게 된다. '온

---

[15] 타가수분(cross-pollination): 다른 개체의 꽃가루가 수분(受粉)되는 것을 의미하며 주로 곤충이나 바람, 새들의 도움을 받아 이루어진다.
[16] 자가수분(self-pollination): 꽃가루가 같은 나무의 암술머리에 붙는 것을 말한다.

주밀감'과 같이 올리브가 제주의 '제2의 대학나무'가 될 수 있는 날이 올 수 있지 않을까.

올리브 꽃

올리브는 3월 하순에 꽃눈이 생기고 5월 하순에 꽃이 핀다. 이 조그만 제주 섬에서도 개화 시기가 지역별로 차이가 난다는 것은 꽤나 흥미롭다. 제주의 올리브 개화는 날씨가 좀 더 따뜻한 남쪽 지역에서 먼저 시작되어 해안선을 따라 차츰 북쪽으로 이동한다. 기후가 제주보다 좀 더 온화한 지중해 지역에서는 봄의 시작과 함께 올리브가 꽃망울을 터뜨린다고 한다.

올리브는 암술과 수술이 한 꽃에 모두 있는 양성화(兩性花)이지만 드물게 암술이나 수술 하나만 있는 꽃이 피기도 한다. 식물들의 암술머리에는 끈적끈적한 물질이나 오톨도톨한 돌기, 짧은 털이 나 있는데 꽃가루가 쉽게 달라붙어 수분의 성공률을 높이기 위한 지혜에서 비롯되었다.

지구에서 살아가는 식물 중 대다수는 꿀벌과 같은 곤충의 도움을 얻어 수분을 하는 충매화이지만 올리브는 주로 바람에 의해 수분이 이루어지는 풍매화(風媒花)다. 너무 작아 수고에 비해 얻어먹을 게 적은 올리브 꽃은 곤충들에게는 그리 매력적이지 않은 존재일 것이다. 물론 올리브 꽃도 간혹 꿀벌에 의해 수분이 일어나기도 한다. 먹이를 구하지 못한 '배고픈' 꿀벌들이 내키진 않지만 가끔씩 올리브 주변을 어슬렁거리기도 하기 때문이다.

●● 올리브 꽃 피는 단계

											단계
b1	b2	b3	1	2	3	4	5	6	7	8	9	10	
-42	-36	-32	-26	-18	-12	-8	-5	-3	0	+1	+2	+3	개화일로부터의 일수

레치노 & 프란토이오 기준

꽃차례 꽃송이 | 개화 전 | 개화기

●● 올리브 꽃

올리브는 암술과 수술이 한 꽃에 모두 있는 양성화(兩性花)이며, 꽃잎과 꽃받침이 4개씩인 하얗고 아주 작은 꽃이다.

대부분의 충매화는 벌과 나비를 유혹해 가루받이를 하기 때문에 꽃잎도 화려하게 단장해야 하고, 꿀과 쉼터도 바지런히 준비해야 하며, 매혹적인 향기도 쉬지 않고 뿜어내야 한다. 하지만, 수분이 거의 바람에 의해서 이뤄지는 올리브는 벌과 나비에게 잘 보일 필요성을 별로 느끼지 못한다. 그저 꽃을 많이 피워 바람에 실려 보낼 꽃가루를 많이 만드는 데만 열심일 뿐이다.

올리브는 하나의 화방에 보통 20~40개의 꽃이 핀다. 꽃잎과 꽃받침이 4개씩인 하얗고 아주 작은 꽃이다. 꽃은 이전 해에 자란 가지의 잎겨드랑이에 주로 달린다.

한국인이 가장 사랑하는 화가인 빈센트 반 고흐는 올리브를 소재로 14점이나 되는 그림을 남겼다. 고흐는 38세의 젊은 나이로 사망하기 직전에 정신적인 문제로 프랑스 남동부의 생 레미 요양원에 입원하고 있었다. 이 요양원 주변에 올리브 농장이 넓게 펼쳐져 있었다고 한다. 올리브 꽃을 그린 작품은 없다는 게 조금 흥미롭다. <꽃피는 아몬드 나무>나 <꽃이 핀 복숭아나무> 등의 그림을 보면 '나무에 핀 꽃'은 고흐에게 큰 영감을 주는 존재인 듯한데도 말이다. 혹시 꿀벌의 경우처럼 올리브 꽃에는 고흐가 별 매력을 느끼지 못한 게 아닐까 하는 재밌는 상상을 해본다.

다 똑같으면 위험해

올리브 꽃을 포함해 다수의 양성화는 같은 꽃에 있는 암술과 수술끼리 가루받이가 일어나는 것을 별로 달가워하지 않는다. 암술은 멀리서 날아온 꽃가루가 자신에게 와 닿기를, 수술은 자신의 꽃가루가 최대한 멀리 날아가 다른 암술에 가 닿기를 바란다. 이 수수께끼 같은 일은 다양한 자손을 얻어 자연계에서 생존 확률을 높이려는 유전자의 의도에서 비롯되었다.

같은 꽃에서 수분이 이뤄지면 부모와 똑같은 유전자를 가진 자손만 나오게 되어 유전적 다양성이 줄어들게 된다. 이 경우 전염병이 발생하거나 주변 환경이 극도로 나빠졌을 때 한꺼번에 절멸할 위험이 있다. 반면, 자신과 다른 개체의 꽃가루로 수분을 하면 다양한 변이를 가진 자손을 만들어낼 수 있어서 생존에 유리하다.

인류 역사 속에서도 유전적 획일화가 큰 위험을 초래했던 사례들이 있다. 아일랜드에서 발생했던 '감자 대기근'이나 한때 세계를 제패하다 주걱턱 유전병으로 멸망한 스페인 합스부르크 가문의 '근친혼'을 대표적으로 들 수 있다.

1845년부터 1852년까지 아일랜드에서는 주식인 감자에 돌림병이 발생해 110만 명 이상이 굶어 죽었다. 배고픔을 이기지 못해 고향을 등지고 신대륙으로 떠난 사람도 100만 명을 넘었다. 이 감자 돌림병은 전 유럽을 휩쓸고 있었지만 유독 아일랜드만 그 피해가 더 극심했다고 한다. 감자 돌림병에 취약한 '럼퍼'라는 품종이 단일 재배되고 있었기 때문이다. 유전적으로 동일한 감자들은 이 감자 돌림병으로 동시에 몰살될 수밖에 없었다.

감자의 원산지인 남미 대륙의 안데스 지역에서는 감자에 전염병이 돌 경우를 대비해 여러 품종을 섞어서 심었다. 품종이 다양하면 역병이 돌아도 살아남는 강인한 품종이 있을 수 있기 때문이다.

암꽃과 수꽃이 각기 다른 나무에 자라는 식물들이 있다. 이를 단성화라 하는데, 대표적으로 키위와 버드나무, 은행나무를 들 수 있다. 이 나무들은 암나무만 심으면 수분을 할 수 없어서 열매를 맺지 못한다.

육지에서 가로수로 많이 사용되는 은행나무의 경우 최근에는 수나무만 심어서 은행 열매가 도로를 지저분하게 만드는 것을 사전에 방지하고 있기도 하다. 그런데, 제주 섬에는 은행나무가 흔하지 않다. 수령이 100년이 넘어 보호수로 지정된 은행나무가 딱 한 그루밖에 없을 정도다.

은행나무 열매에는 헵탄산이라는 물질이 들어 있어서 고약한 냄새가 나기 때문에 새나 동물들이 접근하기 꺼려한다. 그렇다면 누가 은행나무의 종자를 퍼트리는 역할을 맡았을까. 바로 은행 열매를 즐겨 먹는 인간이다. 그래서 은행나무는 보통 사람들이 자주 드나드는 도로변이나 민가 근처에서 자란다.

식물은 스스로 이동할 수 없기 때문에 하나의 꽃에 암술과 수술을 모두 가지도록 진화했다. 안전하게 씨앗을 만들 수 있기 때문이다. 멀리 이동하는 게 불편한 지렁이와 달팽이도 짝짓기의 수고를 덜기 위해 암수가 한 몸이 되었다.

그런데 암수가 한 몸인 단성 식물 대부분이 자신의 꽃가루로는 수정이 이루어지는 걸 막는 장치를 가지고 있다는 게 흥미롭다. 암술을 수술보다 키를 더 크게 해서 떨어지는 꽃가루를 못 받게 하거나 암술의 성숙 시기를 늦춰 꽃가루가 묻어도 씨앗이 생기지 않도록 하는 방법 등으로 말이다. 자가 수정을 방지하는 장치를 만드는 수고를 하기 싫어서 암나무와 수나무를 완전히 나눠서 진화한 단성(單性) 식물도 있다.

단기적으로 보면 자신의 꽃가루를 자신의 암술에 묻혀 씨앗을 만드는 자가 수정이 자손 번식에 유리할 수 있다. 다른 개체로 꽃가루를 운반하기 위해서는 많은 꽃가루를 만들어야 하고, 꽃가루 운반 사고가 나지 말란 법도 없다. 하지만, 식물들은 다른 개체와 꽃가루를 교환하는 것이 다양한 성격의 자손을 만들어 생존에 더 유리하다는 것을 소름 끼치게 잘 알고 있다.

감귤과 올리브

올리브는 수천 년에 걸쳐 서로 다른 품종끼리 자연적으로 교차 수정을 해왔고, 다른 품종의 유전자를 더 선호하도록 진화해 왔다. 그 결과 올리브는 척박한 환경에서도 생존력이 더 강해졌고, 더 튼실한 열매를 맺을 수 있게 되었다.

올리브도 암술과 수술이 함께 있는 양성화이지만 자기 스스로 수정해 열매 맺는 걸 달가워하지 않기 때문에 다른 품종의 나무를 심어줘야 수분이 활발하게 이뤄지고 열매도 많이 열린다. 그래서, 올리브를 심을 때는 묘목 수의 10~20퍼센트 정도는 다른 품종을 섞어 심어줘야 한다. 올리브와 같은 핵과실인 살구와 자두도 마찬가지다.

아르베키나 같은 자가수정 품종을 재배하는 올리브 농장에서도 수분수를 꼭 심는다. 다른 품종과의 교차수정에서 더 많은 수정을 하고 더 튼실한 열매를 맺기 때문이다.

올리브 수분수의 꽃가루는 보통 직선거리로 1,000미터 이상 날아간다. 그

●● 올리브 꽃

러나, 수분과 수정이 안정적으로 이루어질 수 있는 꽃가루의 흩날림 밀도가 있기 때문에 열매를 얻고자 하는 묘목으로부터 반경 400미터 이내에 수분수를 심어주는 게 좋다.

만자닐로나 미션 같은 절임용 품종을 재배할 경우에는 주로 네바딜로 블랑코를 수분수로 이용한다. 네바딜로 블랑코는 나무의 성장이 왕성하고 스스로 열매를 맺지 않는 성질이 강해서 꽃가루 생산량이 많고, 꽃이 일찍 펴서 수분수로써 아주 제격인 품종이다. 올리브 계의 카사노바 같은 존재랄까.

날씨가 좋고 바람이 적당한 날에는 하루종일 수분이 이루어진다. 하지만, 비가 계속 오는 시기에는 수분에 어려움을 겪을 수밖에 없다. 특히, 수분수와 착화수의 개화가 겹치는 시기에 비가 자주 내린다면 수정이 잘 이루어지지 않을 수 있어 올리브 수확량이 대폭 감소하게 된다.

지중해 지역의 올리브 농장에서는 생태 다양성과 풍미를 높이기 위해 무화과, 사과, 오렌지, 레몬, 옻나무, 야자수, 배, 아보카도 같은 과실수를 올리브와 함께 심어두기도 한다. 제주 섬에서 올리브는 보통 감귤과 함께 자라는 경우가 많다. 오랜 시간이 지나면 올리브와 감귤의 특성이 자연스레 조합된 제주 올리브 품종이 나오지 않을까 기대도 해본다.

알고 먹으면 더 건강한 올리브

꽃가루와 밑씨가 만나 수정이 이루어지면 밑씨는 씨앗으로 성장하고, 밑씨를 감싸고 있는 씨방은 열매가 된다. 식물의 입장에서는 자신의 종자를 보호하는 게 그 어떤 일보다도 중요하다.

　우리가 무척이나 좋아하는 과실인 올리브와 매실, 살구, 자두, 복숭아, 체리는 '핵과일'이라는 공통점이 있다. 핵과일은 '스톤'이라 불리는 크고 단단한 핵이 과실 중앙에 자리하고 있다. 핵은 과일의 씨를 보호하고 있는 단단한 속껍데기를 가리킨다.
　핵과일은 자신의 종자를 보호하기 위해 보통 두 개의 속껍질과 한 개의 겉껍질을 가지고 있다. 두 개의 속껍질 중 하나가 핵이고, 나머지 하나는 놀랍게도 우리가 맛있게 먹는 과육 부분이다. 겉껍질은 우리가 익히 알고 있는 과일의 껍데기이다.

　핵과일들은 덜 익었을 때는 떫은맛과 신맛이 난다. 씨가 충분히 자랄 때까지 열매를 보호해야 하기 때문에 새들이 싫어하는 맛을 간직하고 있는 것이다. 올리브는 쓴맛과 떫은맛, 심지어 매운맛까지 난다. 항산화 성분인 폴리페놀을 잔뜩 품고 있기 때문이다.
　하지만, 씨앗이 충분히 무르익으면 열매는 새들이 좋아하는 단맛, 고소한 맛을 내기 시작한다. 새들이 자기 열매를 먹고 씨앗을 널리 퍼트리게 하기 위한 전략의 일환이다.

　올리브가 덜 익었을 때 색깔은 그린, 다 익었을때는 블랙이다. 씨앗을 보호하기 위해 폴리페놀 성분이 많이 내포한 그린 올리브일 때 수확해서 착유해야 우리 몸에도 좋은 올리브 오일이 된다.

씨앗은 처음에는 폴리페놀이 가득하고 지방은 하나도 없을 것이다. 반대로 씨앗이 완전히 익으면 지방이 가득하고 폴리페놀은 없다. 지방을 먹기 위해 착유하는 인간의 입장에서는 적절한 시기를 잘 선택해야 한다.

기업이나 농부의 입장은 이 지점에서 충돌한다. 늦게 수확해서 착유하면 할수록 더 많은 오일이 나오니 더 많은 수익을 거둘 수 있다. 이르게 수확한 올리브를 착유하면 건강에는 좋겠지만 오일 양은 적어진다. 박리다매로 유통되는 올리브 오일의 낮은 가격이 어떻게 형성되는지 유추해볼 수 있다.

프리미엄급 엑스트라 버진 올리브 오일을 만들기 위해서는 그린, 혹은 그린에서 블랙으로 넘어가는 시기에 수확한다. '얼리 하베스트(Early Harvest)'라는, 다른 작물에서 도저히 이해할 수 없는 표현이 올리브에서 쓰이는 이유다.

05. 잡초와 해충

쓸모 없는 듯 보이지만 쓸모 있는 잡초

주말이면 으레 농장에 찾아와 천방지축 뛰어노는 초등학생 딸아이 둘은 가끔씩 올리브 아래서 네 잎 클로버를 찾아내서는 세상을 다 가진 듯이 행복한 표정을 짓곤 한다.

올리브 아래에서 군락을 이루어 살고 있는 클로버는 사실 잡초다. 하지만 올리브에게 아낌없이 호의를 베푸는 착한 잡초다. 공기 중의 질소를 흡수해 땅속에 저장시켰다가 올리브에게 나눠주기도 하고, 단단한 흙을 부드럽게 만들어 올리브가 땅속에서도 편안하게 숨 쉴 수 있도록 도와주기도 한다. 또한, 번식력도 강해서 다른 잡초가 올라오지 못하도록 억제하는 역할도 훌륭히 해낸다.

클로버는 콩과 식물이다. 콩과 식물의 뿌리에는 공기 중의 질소를 떼어내 흙 속에 묻어두는 박테리아가 산다. 옥수수를 대량 생산하는 미국의 농장에서는 옥수수와 콩을 한 해씩 번갈아 재배한다. 옥수수는 엄청나게 지력을 소모해 땅을 황폐화시키는 작물이라서 질소를 보충하고 지력을 강화해주기 위해선 콩의 뿌리 박테리아가 필요하기 때문이다. 옥수수 농가에서 화학 비료를 사용하면서는 해마다 옥수수를 재배하는 것도 가능해지고 있다.

쓸모 없이 성가시기만 한 존재라고 사람들이 얕잡아 보는 잡초지만, 클로버는 나의 아이들과 올리브에겐 무척이나 '쓸모 있는' 특별한 존재라고 할 수 있다. '쓸모 없는 듯 보이지만 쓸모 있음'이 클로버를 비롯한 잡초들의 진정한 매력이 아닐까 생각한다.

농부가 되기 전 도시에서 생활하던 시절에는 잡초를 꽤나 낭만적인 존재로 여겼다. 강인한 생명력이나 거친 삶을 사는 사람들에 대한 은유로 등장하는 '잡초'만을 늘상 접하고 있었기 때문이었다. 하지만, 귀농해 올리브 농사를 짓기 시작하면서 잡초에 대한 감정은 다소 복잡해질 수밖에 없었다.

이랑에 옮겨 심은 지 얼마 되지 않은 어린 올리브 주변으로 기다렸다는 듯이 쑥쑥 치고 올라와 빽빽하게 자리 잡은 잡초들을 보면서 더 이상 '낭만'을 찾을 수는 없었다. 초보 농부의 눈에 잡초는 어린 올리브 몫의 땅속 영양분을 뺏어 먹는 '사악한' 존재로 비칠 뿐이었다. 그래서 처음에는 빨리 잡초들을 없애야 한다는 생각뿐이었다.

무성한 잡초를 그냥 놔둬서는 주변 사람들로부터 농부의 자질을 의심받을 수도 있다. 특히나 '벌초'에 큰 의미를 부여하는 제주 섬의 농부여서 잡초 제거에 더 신경 써야 하는 면이 있다.

제주 섬에는 추석 명절보다 음력 팔월 초하루 전후로 이뤄지는 벌초를 더 중요하게 여기는 문화가 있다. 예부터 전해져오는 '벌초' 관련 속담도 많다.

'식게(제사) 안 한 건 몰라도, 소분(벌초) 안 한 건 놈(남)이 안다.'
'소분 안 허민 조상이 자왈(덤불) 썽 멩질(추석 명절) 먹으레(먹으러) 온다'
십여 년 전까지만 하더라도 도내 학교에는 '벌초 방학'도 있었다. 육지 사는 제주 남자들도 추석 쇠러는 못 내려와도 벌초에는 꼭 참석해야 한다는 강박이 있을 정도다. 벌초 때가 지났는데도 잡초가 무성한 묘는 동네 사람들의 매서운 '레이더망'에 걸려 '패륜' 집안으로 낙인찍힐 수도 있기 때문이다. 그래서 만사를 제쳐두고라도 벌초에 꼭 참여할 수밖에 없다고 제주 사람들은 농담 섞인 하소연을 하기도 한다.

'의외로' 약한 식물, 잡초

잡초를 완전히 없애는 '제초'를 하려면 제초제를 써야 한다. 하지만, 화학물질로 만들어진 제초제는 그 어떤 화학 비료나 농약보다도 토양과 작물을 강하게 오염시키기 때문에 최종 소비자인 인간에게 무척 해로울 수밖에 없다. 결코 사용해서는 안 된다.

'골갱이[17]'질로 땅을 파 잡초를 뽑아 없애려는 것도 '긁어 부스럼' 만드는 일이 될 수 있다. '엄마' 잡초는 자신에게 닥칠 위기에 대비해 항상 땅속에 엄청난 양의 종자들을 감춰 두고 있기 때문이다. 골갱이질로 잡초가 뽑히는 순간 종자들은 쾌재를 부르며 앞다퉈 튀어나와 싹을 틔우기 시작한다. 잡초 종자들은 햇빛을 보면 그 즉시 발아를 시작하는 성질을 갖고 있다. 햇볕 볼 날만을 학수고대하고 있던 잡초 종자들에게 골갱이질은 그야말로 '땡큐'인 것이다.

---

17 제주에서는 호미를 '골갱이', 낫을 '호미'라고 한다.

그냥 부지런히 잡초를 깎아 내는 게 가장 현명한 '잡초와의 전쟁' 전략일 수 있다. 그래서 몸이 힘들더라도 예초기를 어깨에 둘러메고, 가끔은 '호미'도 움켜잡고서 잡초를 직접 베는 '예초'로 '제초'를 대신하고 있다. 잔디 깎듯이 잎을 지속적으로 잘라내면 잡초는 광합성을 할 수 없어 뿌리가 점차 힘을 잃어가면서 서서히 말라 죽게 된다. 하지만 이론이 그럴 뿐 현실은 전혀 그렇지 못하다는 게 문제다.

특히 한여름에는 예초를 끝내고 뒤돌아서자마자 금세 '깎인 만큼' 다시 고스란히 자라있는 잡초들을 보면서 제초제를 사용하고 싶은 유혹이 강하게 밀려오는 건 어쩔 수 없다.

잡초 관리는 꾸준히 해줘야 하지만, 올리브 꽃망울이 달리기 직전인 3~4월에는 예초 작업을 대대적으로 해주는 게 좋다. 양분 경쟁을 하는 잡초를 정리해 줘야 꽃을 피우는 데 필요한 영양분이 올리브에게 충분히 공급될 수 있기 때문이다.

강인한 생명력의 상징인 잡초가 실은 가장 '약한 식물'이라는 논리를 펼치며 유명세를 타기 시작한 일본의 식물학자가 있다. 잡초는 약하기 때문에 강한 식물들과의 경쟁을 피해 아무도 선호하지 않는 척박한 환경에서 살도록 진화해 왔다고 그는 주장한다.

지구에서 살아가는 생물은 약자 집단과 강자 집단 어느 하나에 속하게 된다. 이 두 집단은 서로 다른 전략을 취하면서 자연계에서 생존해 나간다. 특히 약자 집단에 속한 생물은 천적으로부터 자신을 보호하기 위해 몸을 위장해 숨는 전략을 채택하기도 하고, 다른 생물들이 좀처럼 선택하지 않는 틈새 환경을 자신의 서식지로 결정하기도 한다.

아무리 짓밟혀도 다시 무성하게 자라서 강한 줄만 알았던 잡초가 사실은 식물끼리의 경쟁에서 패배해 아무도 살고 싶어 하지 않는 척박한 땅에 뿌리를 내리며 살게 된 '약자'이다. 그래서 잡초는 김매기 때문에 늘 생명이 위태로울 수 있는 밭고랑에서 살고 있고, 사람들의 발에 밟혀 죽을 위험이 항시 존재하는 길가에서 자라고 있는 것이다. 다른 식물들은 역경이라고 생각해 피하는 환경이 잡초에게는 생존의 기회라고 볼 수 있다.

1970년대에 식물학계에서는 작물 옆에서 자라는 잡초가 큰일을 하고 있다고 발표한다. 잡초가 작물의 영양분을 빼앗아 먹기는 하지만 토양의 표면을 덮어주어 수분의 증발을 막아주는 '멀칭[18]' 기능을 훌륭히 해내고 있다는 점에 주목했다. 멀칭 재료로 빈번하게 사용되는 검은 비닐이나 부직포는 햇빛을 막아 흙을 마르지 않게 하고 작물 주변에 잡초가 자라지 못하게 하는 효과는 크지만 폐기물이 발생해 환경 문제를 야기하는 커다란 단점이 있다. 하지만, 잡초는 환경을 오염시킬 염려도 없다.

농부들에게 잡초는 분명 성가신 존재임에는 분명하지만 최근 들어서는 환경에 대한 고민과 유기 농법에 대한 기대가 커지면서 작물과 함께 잡초를 키울

---

18 멀칭(mulching): 짚이나 톱밥, 식물의 껍질, 비닐 등의 다양한 소재로 땅의 표면을 덮어주는 것을 말한다. 멀칭은 땅속의 습기를 좀 더 오랫동안 머물게 해주면서 흙이 마르거나 바람에 날아가는 것을 방지해 주고 토양의 온도를 낮춰 서늘하게 해준다. 또한 병충해나 잡초의 번식을 막아주는 역할도 한다.

수 있는 방안을 모색해 나가고 있다.

올리브 농장의 빌런들

어떤 작물을 재배하던 농부들에게 가장 큰 골칫거리는 아마도 해충일 것이다. 제주 섬의 짧은 올리브 재배 역사에서도 올리브를 괴롭히는 '빌런'이 등장하는데, 바로 박각시나방이다. 특히, 박각시나방 유충은 잎의 뒷면에 숨어서 발단된 입으로 잎을 갉아 먹는다. 야행성이어서 낮 동안 숨어 지내다 어두워지면 기어 나오는 통에 잘 발각되지도 않는다. 게다가 잎사귀 색과 똑같은 녹색으로 위장해 몸을 숨기는 전략도 취할 줄 안다.

성충 박각시나방의 천적은 박쥐이지만, 유충의 천적은 기생벌이라고 알려져 있다. 기생벌은 박각시나방 유충의 몸속에 알을 낳는 수법으로 그 이름값을 한다. 알을 깨고 나온 기생벌의 유충들이 박각시나방 유충을 잡아먹으며 자라게 된다. 박각시나방 유충에 대한 방제 작업은 주로 7~8월에 이뤄진다.

올리브 과실파리와 검정깍지벌레는 전 세계적으로 올리브 농장에 가장 큰 피해를 주는 해충들이다.
올리브 과실파리는 지중해 지역에서 다쿠스라고도 불리는데, 올리브 최대의 천적이다. 올리브를 재배하는 모든 국가에 가장 심한 피해를 입히고 있는 올리브 과실파리는 올리브 과육에 알을 낳는 작은 곤충으로 올리브 열매를 망가뜨릴 뿐 아니라 올리브 오일의 산도를 높이는 요인이 된다. 올리브 오일

산업의 규모가 큰 지중해 지역에서는 올리브 과실파리가 엄청 골칫거리다.

주로 이슬이나 꿀을 먹으면서 살아가는 과실파리의 성충은 올리브 과실 표면에 알을 낳는데, 이때 부화한 유충은 열매에 파고 들어가 과육을 먹는다. 이로 인해 올리브 열매 낙과(落果)가 발생한다. 이 과실파리로 인한 올리브 과실 피해율이 대략 30퍼센트 정도에 이른다고 한다.

올리브 과실파리를 방제하기 위해서 방사선을 이용한 불임법과 페로몬 덫을 이용한 대량 포획, 벌레 기피제 등 다양한 수단이 활용되고 있다. 화학 농약을 이용한 방제법으로는 유기인계 농약이 주로 사용된다.

유럽과 미국의 올리브 농장에서는 올리브 과실파리에 대한 친환경적인 방제법을 고민하다 기생벌을 도입해 방제를 시도하기도 했었다. 하지만 기생벌과 과실파리의 생육 주기가 달라서 발육상에 차이가 있었기 때문에 그 효과가 미미했다고 한다.

올리브 검정깍지벌레는 남아프리카공화국에서 발생한 해충으로 지중해 지역뿐만 아니라 미국 캘리포니아까지 확산되어 심각한 피해를 주고 있다. 이 벌레는 감귤과 사과, 무화과 등의 과수에서도 발견되고 있다. 약충 상태로 월동하다 봄에 성충이 되어 5월 즈음에 산란한다. 부화약충(크롤러)은 7월에 나타나 올리브 잎과 햇가지를 먹어 치우고, 때로는 과실로 이동한 후 정착하여 과즙을 먹는다.

가지치기를 제대로 하지 않은 올리브의 내부는 그늘지고 습도가 높아 깍지벌레를 여름의 고온으로부터 보호해주는 역할을 한다. 따라서 밀식된 가지를 솎아

내어 덮고 건조한 환경에 노출시키면 깍지벌레의 사망률이 증가하게 된다.

올리브뿐만 아니라 모든 과실에서 가장 무서운 병은 탄저병일 것이다. 탄저(炭疽)는 석탄을 뜻하는 그리스어가 어원으로, 사람의 경우 탄저병에 걸리면 피부에 물집이 생기고 난 뒤 까만 딱지가 앉는다. 그래서 탄저라는 이름이 붙은 것이다. 식물의 경우는 열매 또는 잎에 주로 발생해 검은 반점을 남긴다.

탄저병은 과실이 막 성숙해지기 시작할 무렵에 자주 발생하는데, 특히 절임용 올리브에 치명적이다. 탄저병을 방제하기 위해서는 질소 비료를 지나치게 많이 주지 말아야 하고, 가지와 잎이 건강하게 자랄 수 있도록 충실한 생장을 유도해야 한다. 또한, 습한 환경에서 병이 더욱 거세질 수 있기 때문에 물 빠짐과 통풍이 잘되는 환경을 만들어줘야 한다.

올리브 품종별로 탄저병에 대한 저항성이 다르다고 알려져있다. 탄저병에 대한 저항성이 높은 품종은 코로네이키, 레치노, 프란토이오, 아르베키나, 피쿠알 순이다. 제주 올리브 농부들이 선호하는 품종 Top5와 겹치는 것을 보면 강수가 많은 제주 환경에서 탄저 저항성이 큰 의미가 있다는 것을 알 수 있다. 프랑스가 원산지인 피코라인이나 스페인이 원산지인 아르베키나 등이 탄저병에 강한 품종이다.

친환경 방제

해충을 방제하는 데는 화학적 살충제를 사용하는 게 단시간에 가장 빠른 효과를 낼 수 있다. 하지만 땅과 인간에게는 결코 이로운 방법이 아니라는 게 문제다. 살충제를 뿌리면 식물은 뿌리를 통해 살충제를 먹는다. 이렇게 자란 야채나 과일을 먹게 되면 우리 몸에도 당연히 살충제 성분이 들어올 수밖에 없다.

사람과 땅, 식물 모두에게 두루 이로울 수 있는 해충 퇴치법은 매일 식물을 관찰하면서 벌레를 발견하면 직접 손으로 잡아주는 것이다. 벌레가 좋아하는 달콤한 수액으로 유인해 덫에 가두는 것도 한 방법이다.

가드너와 농부의 가장 큰 차이는 방제의 규모와 방식일 것 같다. 아직까지 전문 농업 수준의 규모를 방제하는 방법은 살충제를 살포하는 방식밖에 없다.

올리브를 재배하면서 특히 신경썼던 분야이기에 이런 저런 많은 방식을 시도했었고, 나름의 장단점을 알게 되었다. 지금은 천연 전착제와 살균 살충제로 자닮 오일, 자닮 유황을 사용한다. 일년에 한 번 제주올리브연구회 회원들이 재료를 공동 구매해 함께 제조한 뒤 나눠서 사용한다.

06. 열매 솎기와 수확

올리브 열매 수확

전통 방식으로 올리브 열매를 수확하는 지중해 농장의 모습을 보고 있으면 의아한 생각이 들 수 있다. 어떤 나무는 도리깨 같은 기구로 심하게 매타작하면서 열매를 털고 있고, 어떤 나무는 농부들이 조심조심 손으로 하나씩 열매를 따고 있으니 말이다.

열매가 오일을 만드는 데 이용되느냐, 절임을 만드는 데 이용되느냐에 따라 올리브는 아주 다르게 취급된다. 오일용 올리브를 생산하는 나무는 다소 방임되어 길러지거나 '거칠게' 다뤄지는 반면, 절임용 올리브를 생산하는 나무는 '애지중지' 다뤄지는 경향이 있다.

올리브 재배는 전통적인 가족의 양육 방식과 유사한 면이 있다. 아이를 적게는 네다섯, 많게는 열 명 가까이 낳는 예전의 전통 가족 체계에서는 아이들을 거의 방임해 키우면서, 그중 머리가 아주 영특하거나 몸이 약해 건강이 안 좋은 애들만 특별 보호와 양육의 대상이 되었다. '왜 차별 대우를 하냐'며 대드는 아이들에게는 '열 손가락 깨물어 안 아픈 손가락이 없다. 그래도 집안 형편 상 어쩔 수 없다'라는 말로 부모들은 응수를 하곤 했다.

올리브를 키우는 농부로서 옛날 부모들의 이런 심정을 이해한다. 절임용 열매를 생산하던 오일용 열매를 생산하던 상관없이 올리브는 다 소중하다. 하지만, 시간과 비용이 제한된 현실에서 안타깝지만 상황에 걸맞게 올리브를 대우할 수밖에 없다.

●● 올리브 열매

사실 오일용 올리브는 모양이 예쁠 필요도, 크기가 클 필요도 없어서 농부의 세심한 관리가 별로 필요 하지 않다. 그냥 많이 달리기만 하면 충분하다. 한마디로 다다익선(多多益善)인 것이다. 반면, 절임용 올리브는 크기도 커야 하고 열매에 작은 상처라도 나면 큰일이다. 당연히 더 많은 관심과 손길이 갈 수밖에 없다. 절임용 올리브는 금지옥엽(金枝玉葉)처럼 다뤄질 수밖에 없다.

귀하신 몸, 절임용 올리브

전 세계적으로, 수확한 올리브의 90퍼센트 정도는 오일을 만드는 데 사용되고, 나머지 10퍼센트 정도만 올리브 절임을 만드는 데 이용된다. 올리브는 다른 과일들과는 달리 맛보다는 크기와 색깔 등의 '겉모습'이 중요한 과실이다. 특히 절임용 올리브가 그렇다. 그래서 절임용 열매를 생산하는 올리브는 특별하게 관리할 필요가 있다.

건조한 걸 잘 참는 올리브이지만 절임용 열매를 생산하는 올리브에게는 물도 충분히 줘야 한다. 그래야 과실을 크게 키울 수 있기 때문이다. 특히, 올리브 열매가 한참 커나가는 7~8월에 우리와는 달리 건조기가 찾아오는 지중해 올리브 존에서는 충분한 급수가 무엇보다 중요하다. 반면, 오일용 열매를 생산하는 올리브에게는 일단 열매가 어느 정도 컸으면 물 주는 것에 크게 신경 쓰지 않아도 된다. 괜히 물을 많이 줬다가는 올리브 열매의 오일 함유량만 낮추는 결과를 초래할 수 있기 때문이다.

식물 전염병에도 주의를 기울여야 한다. 농작물에 발생이 잦은 탄저병은 특히 절임용 올리브에 치명적이다. 행여 상처라도 날까봐 더디고 힘들어도 손으로 한 개씩 조심해서 수확하는 절임용 올리브이다. 탄저병으로 열매에 검은 반점이 생겼다는 상상만으로도 올리브 농부들은 오싹한 기분이 든다.

올리브 열매는 수정 후 급속히 비대해지면서 영양분을 두고 서로 다투게 된다. 이 과정에서 열매들이 하나둘씩 떨어지기 시작한다. 새로 돋아난 햇가지가 양분을 뺏어가면서 올리브 열매가 떨어지기도 한다. 이 '양분 싸움'에서 올리브 열매가 떨어지는 것을 방지하기 위해서는 열매와 잎을 솎아줘야 한다. 양분 경합에 의한 낙과는 7월 중하순 사이에 집중적으로 나타난다.

특히, 절임용 올리브는 7월 중순부터 하순까지 열매를 솎아주는 작업을 게을리해서는 안 된다. 올리브 열매가 절임용으로 납품되기 위해서는 수확할 때 열매의 가로 길이가 13밀리미터가 넘어야 하는데, 이 시기에 제대로 열매 솎기를 안 해주면 목표치의 크기에 도달하기가 어렵다. 반면, 오일용 올리브는 열매 솎기에 크게 신경 쓰지 않아도 된다. 더 많은 오일을 얻기 위해서는 나무에 가능한 많은 열매가 달려 있는 게 더 낫기 때문이다.

잎의 개수도 올리브 열매 크기에 영향을 준다. 광합성을 통해 열매 성장에 필요한 영양분을 제공하기 위해서는 일정 수의 잎이 있어야 하는데, 가로 길이 13밀리미터의 과실을 확보하기 위해서 미션 품종은 열매당 최소 열 개의 잎이, 만자닐로 품종은 최소 다섯 개의 잎이 필요하다. 하지만, 열매당 잎의 개수가 이십 개를 초과하면 과실이 커지는 효과가 없어지기 때문에 잎도 잘 솎아줘야 한다.

색마다 다른 맛

올리브는 가을에서 겨울 사이에 수확한다. 제주 섬의 대표 상품 작물인 감귤의 수확 시기와 거의 일치한다. 일 년 동안 애지중지 돌본 올리브를 수확하는 데는 알맞은 시기에 열매를 손상 없이 채취하는 게 중요하다.

올리브는 열매의 숙성 정도를 알려주는 껍질의 색깔로 수확 시기를 가늠해 볼 수 있다. 올리브가 녹색에서 보라색을 띠기 시작할 무렵에 본격적인 추수에 들어가면 되는데, 이때가 보통 10월 말이다. 올리브 나무마다 열매의 양과 익는 속도가 조금씩 달라서 다음 해 2월까지 수확 작업이 진행되기도 한다.

오일용은 보통 올리브가 녹색에서 흑색으로 넘어가는 즈음에 수확한다. 그 이유는 덜 익은 올리브와 완전히 숙성된 올리브의 풍미를 모두 갖춘 올리브 오일을 생산하기 위해서다. 완전히 익은 상태의 블랙 올리브만을 수확해 오일을 만들기도 하는데, 블랙 올리브 오일은 쓴맛이 덜하고 부드러우며 꽃향기가 난다.

올리브가 녹색인 이른 시기에 수확한 '얼리 하베스트(Early Harvest)' 오일도 있다. 매콤하고 쌉싸름한 풍미가 두드러지고 허브향과 풀 냄새도 강하게 나는 '얼리 하베스트'한 올리브 오일은 항산화제로 명성이 자자한 페놀 성분을 특히 많이 함유하고 있다. 올리브 품종에 따라 페놀성 물질 함유량이 달라지기도 한다.

절임용은 껍질의 색깔이 녹색에서 보라색으로 착색이 절반 이상 되었을 때 주로 수확하는데, 어떤 가공품을 만드는지와 품종에 따라 그 시기가 달라지기도 한다. 햇과실 절임용은 과실이 녹색에서 담녹색으로 변한 다음에 수확하고, 성숙 과실 절임용은 10월 하순에서 11월 중순에 과실이 보라색을 띨 때 수확한다.

올리브는 색깔에 따라 식감도 다 다르다. 덜 익은 상태의 그린 올리브는 아삭하고, 완전히 익은 블랙 올리브는 부드러우면서 쫄깃한 식감이 있다. 특히, 블랙 올리브는 지방 함량이 높아 고소한 풍미가 난다.

핸드 피킹에서 수확 트랙터까지

전통 방식의 올리브 수확은 전부 손으로 작업한다. 나무 밑에 천을 넓게 깔고 긴 막대기로 나무를 두드리거나 가시가 달린 장대로 가지를 훑어서 올리브를 떨어뜨린다. 특히 절임용 올리브는 손으로 하나하나 따거나 빗처럼 생긴 도구를 이용해 '빗질하듯이' 조심스럽게 열매를 딴다. 하지만, 최근에는 전통 방식을 고집했던 지중해 올리브 농가들도 기계로 나무를 감싸 흔들어 열매를 떨어뜨리는 수확 방식으로 하나둘씩 바뀌고 있다.

전통적 올리브 농가에서는 보통 나무 사이의 거리를 4~7미터 정도로 여유 있게 두는 편이다. 사람들이 직접 움직이면서 열매를 따야 하는데, 나무 사이 간격이 너무 좁으면 다른 나무에 걸려 작업이 힘들어지기 때문이다.

●● 올리브 색상표

성숙도에 따라 8단계로 나뉘며 왼쪽부터 0단계 진한 녹색, 1단계 연한 녹색부터 노란색, 2단계 절반 이하 착색, 3단계 절반 이상 착색, 4단계부터는 전체 착색 정도에 따라 지수가 달라진다.

열매를 수확하는 시기에는 올리브 나무에 충분히 수분을 공급해줘야 한다. 열매를 따는 과정에서 잎과 가지의 손상이 불가피한데, 건조한 나무는 상처에 더 취약할 수 있기 때문이다.

수확한 올리브 열매는 잎, 줄기 등을 제거하고 과육 상태, 숙성된 정도에 따라 분류한다. 또한, 나무에 따라 열매의 자연 산도나 아로마가 다르기 때문에 이를 분리하는 작업도 해줘야 한다.

대부분 기업형으로 올리브 농사를 짓는 미국 캘리포니아에서는 올리브를 최대한 빽빽하게 심는 '초밀식' 재배를 하고 있다. 이 기업형 올리브 농장은 최첨단 장비를 탑재한 차량을 이용해 올리브를 수확한다. '트랜스포머'처럼 생긴 장비를 단 거대한 트랙터가 올리브 나무를 감싸며 전진하면 열매가 달린 가지가 기계로 말려들어 갔다가 빈 가지가 빠져 나오는 과정이 반복되면서 올리브 열매가 수확된다.

갓 수확한 올리브는 바로 먹을 수 없다. 바로 딴 올리브에는 올러 유러핀과 페놀 화합물이 함유돼 있어 매우 쓰고 떫은맛이 나기 때문이다. 올리브를 오일이 아닌 열매 상태로 먹기 위해서는 반드시 큐어링(curing) 과정을 거쳐야 한다.

'큐어링'이란 일정한 농도의 소금물에 올리브를 담궈서 열매의 쓴맛을 서서히 제거하는 과정이다. 올리브 절임을 대량 생산하는 공장에서는 화학 물질을 사용하여 단시간에 올리브의 쓴맛을 제거한다. 큐어링에 사용하는 소금물을 지중해 지역에서는 '브라인(brine)'이라고 부른다.

소금물에 담그는 번거로운 과정 없이 나무에서 따자마자 바로 먹을 수 있는 '유일한' 올리브가 있다. 에개해의 타소스섬에서 나는 '쓰룸바(throumba)'라는 이름을 가진 그리스 올리브다. 다 익은 쓰룸바는 검은색의 작고 주름진 모양으로 마치 건포도처럼 보인다. 쓰룸바가 익어가는 동안 포마 올라(Phoma oleae)라는 균이 열매의 쓴맛을 없애준다고 한다.

올리브 오일

지중해 연안의 남유럽에서는 발효가 진행돼 고약한 냄새를 풍기는 올리브 오일 맛에 '중독된' 사람들이 꽤 있다고 한다. 아마도 전라도 사람들이 삭힌 홍어를 즐겨 먹는 것과 비슷해 보인다.

남유럽 사람들은 예전에는 좀 더 쉽게 기름을 짜기 위해 수확한 올리브를 일주일쯤 그냥 두곤 했다고 한다. 멍이 들거나 벌레 먹은 올리브에서는 금세 곰팡이가 끼고 발효가 시작되는데, 이런 올리브로 짠 기름은 탁하고 맛이 변질되면서 안 좋은 냄새가 났을 것이다.

오늘날에는 올리브를 수확하면 곧바로 씨앗을 제거하지 않은 과육을 한꺼번에 첨단 압착기에 넣고 으깨기 때문에 발효된 올리브 오일을 접하긴 쉽지 않을 것이다.

저온 압착으로 처음 생산된 올리브 오일이 '버진 올리브 오일'이다. 그중 전문가들의 시각과 미각 테스트를 거쳐 '엑스트라 버진 올리브 오일'이 탄생한다.

올리브 찌꺼기에 남아 있는 오일 한 방울이라도 더 건지기 위해 핵산을 용매로 해서 오일을 추출하기도 한다. 이렇게 추출한 올리브 오일은 주로 연료나 윤활유 등의 공업용으로 사용되기도 하고 비누나 화장품을 만드는 데 이용되기도 한다.

올리브 오일 찌꺼기는 농장에서 가축 사료로 쓰거나 숯으로 만들어 집에서 난방 연료로 사용하기도 한다. 동아시아에서 올리브 재배 대표 국가인 일본은 올리브 찌꺼기로 소를 키워 '올리브 와규'라는 상품을 시장에서 비싼 가격으로 팔고 있는데, 최근 우리나라에서도 찾아볼 수 있게 되었다.

올리브 그린의 미학

머릿결과 피부 관리에 올리브 오일을 즐겨 사용했다고 전해지는 이집트 여왕 클레오파트라는 올리브 그린 빛깔을 띠는 페리도트(Peridot)라는 보석도 즐겨 착용했다. 감람석이라고도 불리는 페리도트는 8월 탄생석으로 부부의 행복과 지혜를 상징하기도 한다.

올리브 열매의 색깔은 크게 그린과 블랙으로 나눌 수 있는데, 익은 정도의 차이다. 처음 초록색이던 올리브는 익으면서 보라색에서 검보라색을 거쳐 검은색으로 변한다. 그래서 같은 품종이라도 언제 수확했는지에 따라 색이 달라진다. 물론 품종에 따라 익은 후에도 초록색을 띠는 올리브가 있고 덜 익어도 원래부터 색이 검은 블랙 올리브 품종도 있다. 올리브 색깔이 이처럼 다양한데 '그린'이 어떻게 올리브를 대표하게 되었을까. 요즘 대세라는 챗 지피티(chat

GPT)에게 물어봤다.

"올리브 그린은 사람들에게 자연과 연결된 느낌을 주면서 평온함을 느끼게 해주기 때문에 매력적으로 여겨지고 있고, 다른 색깔과 함께 있어도 튀지 않고 잘 어울려 인테리어, 패션, 예술 등 다양한 분야에서 매력을 발산하고 있습니다."

미학적 관점에서 보면 올리브 그린은 채도가 낮아 담백하고 마음을 편하게 해주면서도 고급스러워 보인다. 보통의 과일 색깔은 노랗거나 빨갛다. 채도가 높고 화려하다.

'올리브 그린' 색깔에서 미학적 영감을 얻어 만들어진 제품들도 다수 존재한다. 애플 워치에도 올리브 그린 컬러가 있고, 테슬라 전기 자동차에도 올리브 그린 컬러 옵션이 있다. 특히, 덴마크 리빙 브랜드 헤이(Hay)는 올리브 그린을 적용한 가구 라인을 만드는 것으로 유명하다.

07. 월동 준비

매서운 겨울나기

　지중해의 겨울은 철새들이 지천에 널린 야생 올리브를 배불리 먹고 먼 길을 떠나면서 시작되고, 제주 섬의 겨울은 노란 '귤림추색[19]'의 풍광이 동백꽃의 붉은 기운으로 변하면서 찾아온다.

　꿀벌과 나비 같은 곤충이 활동하기 어려운 추운 겨울에 꽃을 피우는 동백은 새를 유혹해 수분을 한다. 그래서 꽃이 붉고 커다랗다. 동백꽃의 꿀을 빨아 먹으며 사는 작고 귀여운 새가 있다. 이름은 동박새. 이 새의 몸 윗면은 올리브 그린 빛깔로 덮여 있다. 뭔가 올리브와 동박새가 장차 깊은 인연을 맺게 될 것 같은 느낌이 되는 건 단지 기분 탓일까. 동백꽃은 겨울에도 잎이 푸르러서 동백이라는 이름을 갖게 되었고, 바닷가에 피는 꽃이라는 의미로 해홍화라고 불리기도 한다.

　올리브의 학명은 '유럽의 기름'이라는 뜻의 올레아 유러피아(Olea Europaea)이다. 옛날 지중해 지역 사람들은 딱딱하게 마른 빵을 올리브 오일에 적셔 먹으며 한겨울을 났다고 한다. 먹을 게 마땅치 않은 겨울철에 조그마한 양으로도 포만감을 느끼게 해줬을 올리브 오일은 지중해 사람들에게는 생명줄과도 같은 존재였을 것이다.

19　귤림추색(橘林秋色): 가을이 되면 제주 섬의 경치가 감귤의 노란 빛깔로 뒤덮여 장관을 이루는 것을 가리킨다.

제주 겨울을 이겨내는 올리브

극도로 건조한 사막성 기후 같은 척박한 환경에서도 강인한 생명력을 갖고 버티는 올리브라지만 낯설은 제주 섬의 겨울 추위를 잘 이겨낼 수 있을지에 대해서는 당연히 조바심이 날 수밖에 없다. 고맙게도 올리브는 걱정과는 달리 제주 겨울에도 얼어 죽지 않고 꿋꿋하게 잘 살아남고 있다.

슬슬 추위가 닥쳐오면 대부분의 식물은 줄기와 잎 사이를 막는 '떨켜층'을 만들어 잎을 떨구어낼 준비를 한다. 잎을 그대로 달고 있으면 동상에 걸리기 쉽기 때문이다. '떨켜층'이 수분 공급을 막으면서 잎은 광합성 능력을 상실하게 되고 엽록소는 파괴된다. 이제 잎은 갈색으로 변하면서 하나둘씩 땅에 떨어지기 시작한다.

반면, 올리브는 추위에는 아주 약한 작물이면서도 겨울에 초록 잎을 떨구지 않는 상록수이다. 이런 올리브가 지중해에 비해서 혹독한 제주의 겨울을 도대체 어떻게 버텨내고 있는 걸까.
사실, 건조한 환경에서 살아남기 위해 부단히 진화한 결과가 추위를 견디며 올리브가 제주의 겨울을 날 수 있는 비결이다. 고개가 갸우뚱거려질 수 있다.

올리브 나무에는 작은 잎이 아주 많이 달려 있다. 뜨겁고 건조한 지중해성 기후에서 생존을 위해 수천 년 동안 진화를 도모한 결과다. 올리브는 자신의 몸에서 수분이 빠져나가는 걸 최대한 줄이기 위해 아주 작은 잎을 가지는 전략을 취했다. 그런데 잎이 작아지자 광합성에 필요한 햇빛을 많이 받을 수 없게 되는 부작용이 초래된다. 그래서 이젠 잎을 많이 다는 방향으로 진화하게 된다.

올리브 잎의 모양은 보통은 피침형으로 두껍고 단단하며 반질거린다. 잎의 생김새는 품종에 따라 조금씩 차이가 나긴 하지만, 대부분 앞면은 광택이 나는 두꺼운 큐티클 층으로 코팅되어 있고, 뒷면에는 회색빛 솜털이 촘촘하게 나 있다. 다 건조한 환경에서 물이 쉽게 빠져나가지 못하게 하는 역할을 하며 여름에는 뜨거운 햇빛 때문에 생길 수 있는 화상을 막아준다.

올리브 잎의 크기가 작다는 것, 잎이 큐티클 층과 솜털로 덮여 있다는 것 모두 추위를 견디는 데 유리한 조건들이다. 또 올리브 잎 속에는 동상을 막아 주는 물질도 들어 있다. 식물세포가 추위 스트레스를 받으면 아미노산의 일종인 '프롤린'이라는 물질과 항산화제를 만들어 낸다.

올리브는 기온이 대략 영하 12도 밑으로 떨어지면 잎과 줄기에서 동해(凍害)가 발생한다. 잎이 갈색으로 변하면서 낙엽이 되기도 하고, 추위가 더 심해지면 줄기의 껍질이 갈라지면서 나무 전체가 말라 죽기까지 한다. 올리브 열매는 영하 2~4도에서 냉해를 받고, 아주 어린 열매는 서리만 내려도 피해를 입을 수 있다.

올리브는 품종별로 추위에 견디는 능력이 다소 차이가 있다. 품종에 따라 잎 기공의 밀도와 크기가 조금씩 차이가 나기 때문이다. 잎 기공 밀도가 높고,

크기가 클수록 추위에는 약하다. 제주 올리브 농부가 선호하는 Top5 올리브 품종 중에서는 프란토이오, 레치노, 피쿠알, 아르베키나, 코로네이키 순으로 내한성이 높다.

제주 바람을 피하는 방법

제주 섬의 겨울 평균 기온은 최근 기후 온난화 영향으로 조금 올라가기까지 했다. 하지만 매서운 겨울바람 때문에 체감 기온은 무척 낮다.

제주 섬의 바람은 눈과 비도 수직 방향이 아니라 수평 방향으로 내리게 한다. 그래서 예전 전통 가옥인 초가에는 처마 밑에 풍차(風遮)를 설치하기도 했다. 길쭉한 나무 막대로 지지대를 놓고, 그 위에 새를 얹어 만든 풍차는 직사 광선을 막는 역할과 더불어 옆으로 들이치는 비바람을 막는 기능도 했다.

제주 섬을 상징하는 나무하면 떠오르는 폭낭도 바다에서 불어오는 바람 때문에 항상 한라산 방향으로 기울어져 있다.

겨울이 가까워지면 바람에 대비하는 작업에 무엇보다 신경을 써야 하는 게 제주 섬 올리브 농부의 숙명이다. 올리브 나무는 강풍에 취약한 조건을 두루 갖추고 있다. 올리브의 뿌리는 섬유질이 부족해 무른 성질을 가지고 있고, 줄기도 다육질이어서 부러지기 쉽다. 게다가 올리브는 뿌리가 땅속 깊이 자라지 못하는 '천근성' 작물이다. 대부분의 뿌리가 땅 밑 40센티미터의 깊이로 얕게 자리하고 있다.

조상 대대로 고온 건조한 지중해성 기후에서 살아온 올리브가 뿌리를 얕게 내리는 것은 어쩌면 당연한 일인지도 모른다. 보통 흙이 메마르고 비가 잘 오지 않는 곳에 사는 식물은 뿌리를 밖으로 뻗어 공기 중의 수분을 흡수하는 경향이 있기 때문이다. 통기성이 좋은 토양에서는 올리브도 꽤 깊은 곳까지 뿌리를 내린다고 한다.

강풍이 자주 부는 제주 섬에서 올리브 농사를 짓기 위해선 방풍 대비를 철저히 해야 한다. 방풍 대책의 가장 기본은 지지대를 세워주는 것이다. 보통은 올리브 나무를 이랑에 옮겨심기할 때 지지대를 함께 세워준다. 아직 어린 올리브라 줄기나 가지가 지탱하는 힘이 부족해 작은 바람에도 꺾여버릴 수 있기 때문이다. 강풍에 대비해서는 지지대 사이를 와이어로 연결해주는 것도 좋다.

농장을 빙 둘러 방풍림을 조성하는 것도 혹독한 제주 바람으로부터 올리브를 지키기 위한 방법이다. 노지에서 재배되는 감귤도 삼나무나 측백나무, 동백나무와 같은 방풍(防風) 나무에 둘러싸여 자라고 있다. 특히, 잎이 두꺼운 상록활엽수인 동백나무는 염분이 많이 섞인 바닷바람에 잘 견디는 특성으로 해안 지역에서 방풍림으로 많이 사용된다.

올리브 열매는 수정 후 급속하게 커지는 성질 때문에 껍질과 과육이 단단하지 못한 편이어서 바람이 세게 불면 가지와 스치면서 손상될 확률이 높다. 방풍 환경을 만들어 주는 데 더욱 신경 써야 하는 이유다. 키가 크게 자란 나무는 특히 풍해를 입기 쉽기 때문에 가지치기를 해서 나무의 키는 되도록 낮게 유지해 주고 바람에 가지가 서로 스치지 않도록 간격을 조정해 줘야 한다.

작물은 바람에 의해 자주 흔들리게 되면 꽃을 피우고 열매를 맺는 데 소홀해지게 된다. 바람에 맞서기 위해 줄기를 튼튼하게 하면서 나무 자체의 힘을 키우는 데 에너지를 집중적으로 쏟아붓기 때문이다. 올리브도 마찬가지다. 바람 때문에 받는 스트레스를 줄여줘야 올리브가 더 풍성하게 열매를 맺을 수 있다.

올리브의 겨울잠

겨울에는 일조량도 적고 땅속의 물도 얼어 버리는 등 식물이 살아가기 버거운 환경이 펼쳐진다. 그래서, 대부분의 식물은 추위가 닥치면 잎을 떨어뜨리거나 봄이 와 다시 따뜻해질 때까지 잠시 생장 활동을 멈추면서 버텨나간다. 올리브도 겨울부터 초봄까지 대략 두 달 정도 추위라는 혹독한 환경을 견뎌내기 위해 잠시 생장 속도를 늦추는 일종의 '휴면기'를 갖는다.

올리브에게 겨울 휴면은 많은 꽃을 피우고 풍성한 열매를 맺기 위해서도 절대적으로 필요한 시간이다. 그래서, 휴면기에도 올리브는 광합성 작용만은 멈추지 않는다. 나중에 열매의 성장에 쓰일 영양소를 부지런히 만들고 저장해 둬야 하기 때문이다. 휴면 상태에서는 신진대사가 느리게 진행되면서 잎과 꽃의 성장이 늦춰지는 대신 영양분을 축적하는 데 온 힘을 쏟아부을 수 있게 된다. 휴면기를 성공적으로 잘 보내면 풍성한 수확이 가능한 이유다.

식물에게도 아주 작은 양의 호르몬이 존재한다. 이 호르몬은 식물이 언제 싹을 틔우고 꽃을 피울지, 어디에 뿌리를 내릴 것인지 등을 결정한다. 식물이 휴면 상태에 빠지게 되는 것도 다 이 호르몬 때문이다.

겨울에 날씨가 춥지 않아도 문제가 발생한다. 올리브 열매는 잎겨드랑이 새싹에서 시작되는데, 겨울 온도가 일정한 수준으로 내려가지 않으면 싹이 잘 트지 않는다. 또 최소한 2주 이상 영하의 날씨가 계속되어야 땅속에 숨어 겨울을 나는 해충을 박멸할 수 있다. 날씨가 영하로 내려가면 땅이 얼면서 생겨난 작은 균열이 토양의 통기성을 더 좋게 만들어 주기도 한다.

화산섬 제주에 없는 것

올리브의 고향인 지중해 지역을 포함한 유럽 대륙은 대부분 석회질 토양이다. 지질 전반이 석회암으로 이루어져 있기 때문이다. 석회암은 주로 조개나 산호 같은 해양 생물체가 오랜 시간 쌓이고 단단하게 굳어져서 만들어진 암석이다.

유럽에서 와인이나 맥주가 발전한 이유도 석회질 물을 대신할 음료가 절실히 필요했기 때문이라고 한다. 순전히 포도만을 발효시켜 만든 와인에는 석회질이 들어갈 여지가 적고, 맥주는 이뇨 작용을 도와 몸 안에 있는 석회질도 쉽게 빠져나오도록 한다.

유럽에는 석회질이 함유된 수돗물을 식수로 사용하는 사람들이 아직도 많다. 탄산칼슘이 주성분인 석회질 물을 마시면 담석증에 걸릴 가능성이 높다.

그런데 유럽인들이 다른 지역 사람들에 비해 담석증에 걸리는 비율이 더 높은 것도 아니다. 유럽인들은 올리브 오일을 많이 섭취하기 때문에 석회질 물을 마셔도 담석증 발병으로 이어지지 않는 것은 아닐까.

올리브는 토양에 까다롭지 않고 다양한 유형의 토양에서 잘 자란다. 하지만, 조상 대대로 석회질 토양에서 지내 온 올리브는 석회가 결핍된 흙에서는 정상적으로 성장하지 못한다. 오히려 흙에 석회를 과하다 싶게 섞어야 잘 자라는 쪽이다.

올리브는 산성보다는 알칼리성 토양을 선호하는 작물이다. 석회질은 물에 녹으면 알칼리성을 띤다. 그런데 토양이 아무리 강산성이어도 석회를 다량 사용하면 올리브가 잘 자라고, 토양이 알칼리성이어도 석회가 부족하면 이내 잎이 갈변하면서 낙엽이 되어 버린다.

토양이 산성인지 알칼리성인지 마치 리트머스 시험지처럼 알려주는 꽃이 있다. 바로 수국. 수국은 실제로 토양의 성분에 따라 색상이 달라진다. 강한 산성의 토양에서는 보라색을, 알칼리성의 토양에서는 분홍색에 가깝게 피어난다. 6월 중순부터 7월 말까지 개화하는 수국은 올리브와는 달리 물과 습기를 좋아해 장마철에 가장 아름답게 피어난다. 제주말로 산수국을 '도채비고장'이라고 한다. 도깨비 꽃이라는 의미다. 수국은 말라 다 죽어가다가도 비만 내리면 언제 그랬냐는 듯 다시 쌩쌩해진다. 변덕스럽고 예측하기 어려운 꽃이라 붙은 별명일 것 같다.

석회 '식탐'이 강한 올리브를 제대로 키우려면 겨울철 휴면기를 빌어 유기질 비료에 석회를 섞어 흙갈이를 해주는 게 좋다. 특히 화산섬인 제주도는 현무암 지대가 대부분이라 석회질 토양이 있을리 만무하다. 다행히 3년에 한 번씩 무상으로 석회고토($CaO+MgO$)를 공급하기에 그에 맞춰 흙갈이를 하고 있다.

epilogue

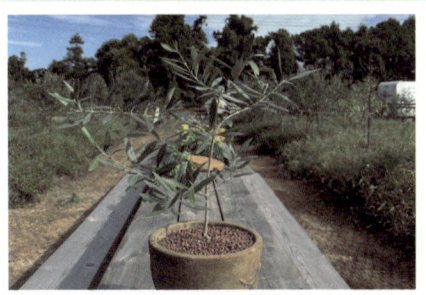

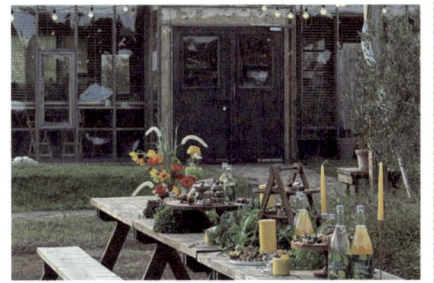

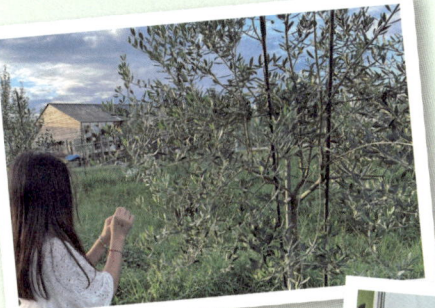

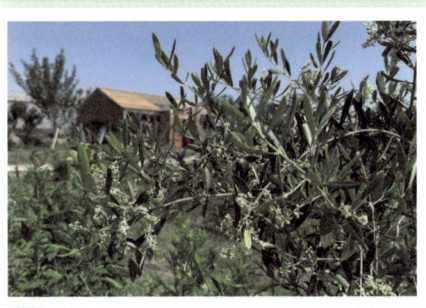

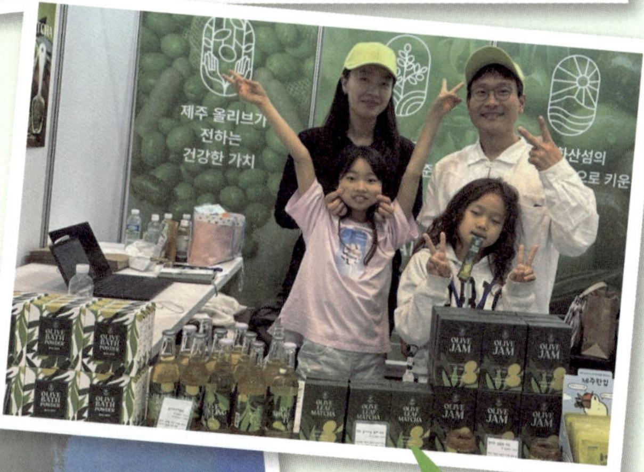

제주 올리브가
전하는
건강한 가치
OLIVE BATH POWDER
OLIVE LEAF MATCHA
OLIVE JAM

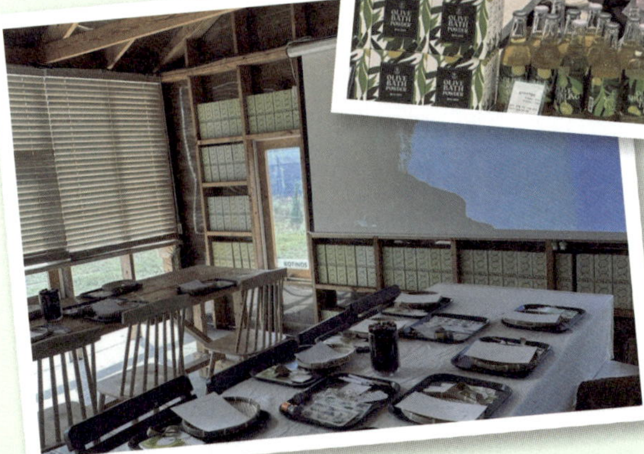

올리브 오일 테이스팅

나만의 올리브 오일 취향을 찾아서

신선하고 맛있는 올리브 오일은 어떤 맛일까? 제주에서 흔히 맛볼 수 있는 감귤 주스, 당근 주스와 같이 올리브를 으깨고 누르는 기계적인 방법만을 사용해서 만드는 '올리브 주스'가 바로 이 올리브 오일이라는 사실을 알게 되면 자연스레 올리브 생과의 맛이 궁금해진다.

바람이 조금씩 선선해 지기 시작하면 농장을 방문하는 분들에게 올리브 생과를 하나씩 따서 맛을 보여드린다. 올리브 생과를 직접 먹어 본 사람만이 올리브 오일의 '신선함'과 '고유함'을 스스로 판단할 수 있는 미식 능력을 가질 수 있기 때문이다. 당근을 먹어보지 못한 사람이 어찌 당근 주스가 신선한지, 자연 그대로의 맛인지 알 수 있겠는가.

그런데 올리브는 품종도 수백 가지이고, 여러 대륙에 걸쳐 다양한 고도와 기후에 따라 재배된다. 또한, 각 농가의 방식에 따라 가공과 저장 과정을 거치면서 올리브 오일마다 고유하고 독특한 풍미가 생긴다. 와인과 참 비슷한데 우리에게 와인 테이스팅은 그나마 익숙하지만 올리브 오일을 맛본다는 것 아직 생소하게 느껴진다.

백화점이나 마트 올리브 오일 코너에 가면 꽤 많은 종류의 제품이 있다. 시식 행사라도 하면 좋을 텐데 백화점에서도 특별 행사와 같이 한정된 기회를 통해서나 가능하다. 그래서 어떤 오일을 골라야 할지 고민하다가 적당한 가격에 마음에 드는 라벨 디자인으로 대강 선택하게 된다. 때로는 유명인이 선택한 올리브 오일이라는 홍보에 이끌려 정하기도 한다. 올리브 농부가 된 이후 다양한 국가와 품종, 브랜드마다 다른 올리브 오일의 맛에 강한 호기심을 가지게 되었다.

엑스트라 버진 올리브 오일(EVOO, Extra Virgin Olive Oil)의 과일 향과 쓴맛, 알싸함에 조금씩 익숙해져 가고 조금 더 깊이 있게 올리브를 알고 싶었다. 와인 소믈리에는 익숙했지만 올리브 소믈리에는 생소하던 때였다. 국제올리브위원회(IOC, International Olive Council) 기준을 따라 올리브 오일 등급 분류와 올리브 오일 소믈리에 과정을 운영하고 있는 교육 기관들이 있었는데, 국제올리브위원회(IOC)가 위치하고 있고, 전 세계 올리브 오일 1위 생산국인 스페인에 가기로 했다.

우선 한국에서 온라인을 통해 이론적 배경을 최대한 쌓았다. 햇올리브를 수확하는 가을, 스페인으로 건너가 올리브 오일 관능 평가, 테이스팅 과정을 수료하며 올리브 오일 소믈리에 역량을 키워나갔다. 동양인 특히 올리브를 재배하는 한국인이 있다는 사실에 교수진과 수업을 함께 듣는 전 세계 올리브 관계자들이 반가워했는데, 제주 올리브 잎 말차를 하나씩 선물하니 더욱 더 신기해 했다.

그간 쌓은 올리브 오일 테이스팅 정보 중에서 쉽고 필수적인 내용만 추려 누구나 쉽게 즐길 수 있게 정리해 보았다.

올리브 오일이 만들어지는 과정

1 재배
3월에 새순이 나고, 5월 말 꽃이 핀다. 열매가 점점 커지다가 그린에서 블랙으로 변해가는 10월에 수확한다.

2 수확
농장의 상황에 맞는 수확 차량이나 동력 수확기 같은 기계를 사용한다. 고품질, 가치를 중심으로 운영하는 농장에서는 사람이 직접 손으로 수확한다.

3 가공
잎과 분리한 후 세척하고, 씨앗까지 함께 분쇄한다. 분쇄한 올리브를 교반하여 페이스트 상태로 만든 후, 압착기나 원심분리기를 통해 오일을 추출한다.

4 저장
추출 후 바로 일정한 온도를 유지하고 산도를 차단하기 용이한 스테인리스 저장탱크로 보내진다. 수확 후 저장까지 48시간을 넘지 않는 것이 좋다.

올리브 오일 등급

올리브 오일은 올리브 품종, 재배 기술, 추출 방법, 저장 조건 등 여러 요소에 따라 결정되는 감각적 특성과 화학적 조성에 따라 분류된다. 일반적으로 국제올리브위원회(IOC)와 유럽 연합(EU)이 정한 기준에 따라 이루어지는데 주요 분류는 다음과 같다. 이 중 시중에서 소비자가 볼 수 있는 제품은 엑스트라 버진올리브 오일, 버진 올리브 오일, 올리브 오일, 올리브 포마스 오일이다.

● Virgin Olive Oils (Natural)

엑스트라 버진 올리브 오일 Extra Virgin Olive Oil (EVOO)

- 유리산도 Free Acidity : ≤ 0.8%
- 기계적인 방법만으로 추출한 최고급 오일
- 항산화제와 폴리페놀이 풍부한 흠잡을 데 없는 뛰어난 맛

버진 올리브 오일 Virgin Olive Oil

- 유리산도 Free Acidity : ≤ 2%
- 기계적인 방법만으로 추출한 고급 오일
- 사소한 결함이 있는 좋은 맛

람판테 올리브 오일 Lampante Olive Oil

- 유리산도 Free Acidity: > 3.3%
- 사람이 바로 섭취하기 적합하지 않아 추가 가공이 필요함

- Non-Virgin Olive Oils

정제 올리브 오일 Refined Olive Oil

- 유리산도 Free Acidity: ≤ 0.3%
- 람판테 올리브 오일을 정제하여 만든 오일

올리브오일 Olive Oil (Pure or Regular)

- 유리산도 Free Acidity : ≤ 1%
- 정제 올리브 오일과 (엑스트라)버진 올리브 오일을 혼합하여 만든 오일

미정제 올리브 포마스 오일 Crude Olive Pomace Oil

- 올리브착유 후 찌꺼기에서 추가로 추출한 오일
- 사람이 바로 섭취하기 적합하지 않아 추가 가공이 필요함

정제 올리브 포마스 오일 Refined Olive-pomace oil

- 미정제 올리브 포마스 오일을 정제하여 만든 오일
- 유리산도 Free Acidity: ≤ 0.3%

올리브 포마스 오일 Olive Pomace Oil

- 유리산도 Free Acidity: ≤ 1%
- 정제 올리브 포마스 오일과 (엑스트라)버진 올리브 오일을 혼합한 오일

올리브 오일 등급

올리브 오일은 제조 공정 및 품질에 따라 다양한 등급으로 나뉜다. 그중 최고 등급인 엑스트라 버진은 열이나 화학적 정제 과정이 아닌 기계적 방법을 통해서 저온 압착 추출하여 맛과 풍미가 가장 좋다.

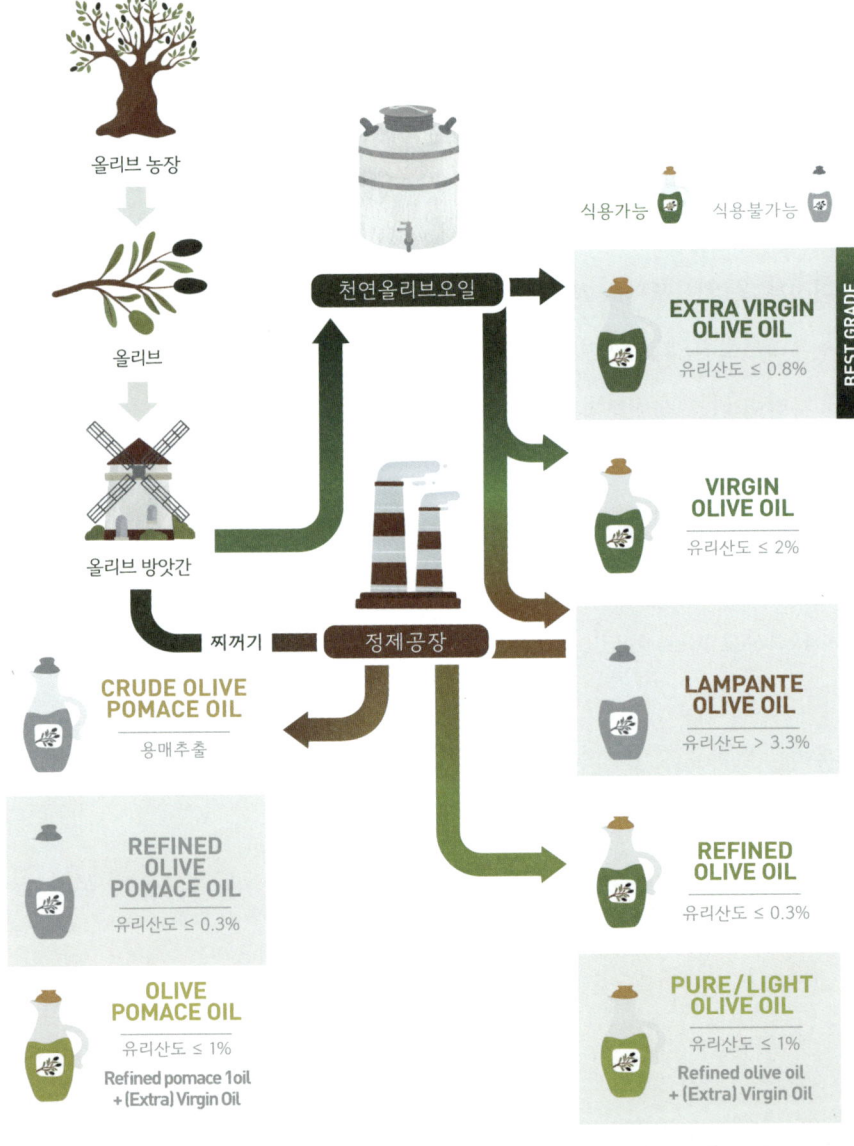

올리브 오일 테이스팅 가이드

올리브 오일 등급은 유리산도, 과산화물가(산화 표시), UV 흡수 등의 특성을 확인하는 화학 분석과 과일 향, 쓴맛, 알싸함 등의 특성을 확인하는 관능 평가 두 가지를 거친다. 그중 관능 평가를 올리브 오일 테이스팅 가이드를 참고하여 진행해 보며 나의 취향을 파악해보자.

1 | PREP
테이스팅 전
적당한 미온수로
입을 헹궈요

2 | POUR
잔에 올리브 오일
10-15ml를 붓고
뚜껑을 닫아요

3 | SWIRL
손으로 잔을 감싸고
20~30초
가볍게 돌려요

4 | SNIFF
코를 잔 입구에 대고
입은 다문채 여러 번
깊게 들이마셔요

5 | SIP
올리브 오일 한 모금을
입안에 머금고
향과 풍미를 느껴요

올리브 오일은
코로 향을 맡을 때보다
입안에 머금거나
목으로 삼킬 때
더 다양하고 깊은 풍미를
느낄 수 있어요.

주요 속성

그린 올리브   블랙 올리브

보조 속성

토마토   토마토 줄기   풀   풋사과   풋바나나   바나나   올리브 잎

제주 올리브 농장 지도

고천농원
주소 | 제주시 한림읍 대림리
연락처 | 010-7283-3459

애월올리브왓
주소 | 제주시 애월읍 어음리

트루가든
주소 | 제주시 애월읍 유수암리
연락처 | 010-8638-6188

올리브곶디
주소 | 제주시 애월읍 유수암리
연락처 | 010-4441-2247

올리웰팜
주소 | 제주시 한경면 저지리
연락처 | 010-8914-7537

제주올러브
주소 | 서귀포시 대정읍 일과리
연락처 | 010-3230-9687

제주올리브스탠다드
주소 | 서귀포시 대정읍 안성리
연락처 | 010-2685-0471

온다베르
주소 | 서귀

따봄
주소 | 제주시 조천읍 대흘리
연락처 | 010-9789-9981

제주올리브그루브210
주소 | 제주시 조천읍 와산리
연락처 | 010-6638-2101

올리브제주
주소 | 제주시 구좌읍 행원리
연락처 | 010-6593-1000

고사리숲올리브
주소 | 서귀포시 성산읍 난산리
연락처 | 010-6572-0305

비로소433
주소 | 서귀포시 남원읍 남원리
연락처 | 010-9144-0175

섬올리브
주소 | 서귀포시 남원읍 신례리
연락처 | 010-3273-0866

팡데올리바르
주소 | 서귀포시 토평동

제주 올리브 재배력 THE CULTIVATION CALENDAR FOR OLIVE TREES IN JEJU

살균·살충 방법

1. 고토석회: 칼슘과 마그네슘을 공급하여 산성토양, 양분흡수, 토양성질 개선 (년 1회)
2,4,5,6. 복합비료: N-P-K 비슷한 비율로 균형잡힌 복합비료 시비, 10월은 열매 열린 나무에 한하여 시비
3. 엽면시비: 꽃이 피기 전 화아성장, 수정 및 종자발달에 필요한 붕소분이 많은 엽면시비용 비료 희석 살포
7. 엽면시비: 영양생장을 멈추고 생식생장에 기여하도록 인산이 많은 엽면시비용 비료 희석 살포
8. 탄저병: 전정 직후 탄저병 방제→석회유황합제(IC-66D)
9. 탄저병: 낙화 후에 탄저병 방제→만코제브수화제(다이센엠-45, 선문만코지 등), 전착제(살균제용) 혼합
10. 탄저병: 아족시그트로빈수화제(아미수타, 탑엔탑, 예작 등), 전착제(살균용) 혼합
11. 청고병: 풋마름병이라고도 하며 장마가 끝난 후 청고병 방제→톱신엠수화제, 전착제(살균제용) 혼합
12. 탄저병: 푸르디옥소닐수화제(에스원, 참누리 등) 전착제(살균제용) 혼합
13. 공작무늬반점병: 겨울 습도가 높으면 봄에 발현→석회유황합제(IC-66D)
14. 살충: 바구미 방제→스미치온유제(50배액을 주간의 지상50cm이하에 페인트솔로 바름)
15. 살충: 유목(수고 2.5m 까지), 이식목(당해년 및 다음해)의 굼벵이 방제: 토양살충제(모캡) 장마 전후 2~3회
16. 살충: 노린재, 바구미, 풍뎅이 등 흡즙해충→클로티아니딘수용제(제품명: 똑소리) 또는 수화제(빅카드), 전착제(살충제용) 혼합
17. 살충: 노린재, 바구미(16)과 동일 방법, 박각시나방애벌레→성장하며 빠르게 한 가지의 잎을 다 먹어버리므로 발견 시 물리적 방제
18. 살충: 잎말이나방류 유충은 4월, 11월 발현, 8월 가장 심각→인독사카브수화제(파라독스, 캐치온유제 등) 전착제(살충제용) 혼합

✓ 기타 해충: 총채벌레, 올리브면충, 깍지벌레류→발생초기에 해당 농약으로 방제
✓ 열매 수확을 올리브나무는 농약 사용 지침서를 반드시 지키도록 할 것.
✓ 친환경 농원은 방제 기간에 친환경 약제를 살포할 것.

제주올리브연구회

	6월		7월		8월		9월		10월		11월		12월	
	~30	~15	~31	~15	~31	~15	~30	~15	~31	~15	~30	~15	~31
	여름장마			고온다습/태풍					가을 가뭄				한파	
	여름순						가을순					휴면기		
착과/과실 발육					과실비대			과실 착색기				생리적 화아분화		
								피클용 수확		오일용 수확				
									이식/정식					
비료				(5)복합비료					(6)복합비료	(7)엽면시비				
병		(10)탄저병	(11)탄저병	(12)탄저병								(13)공작무늬 반점병		
충			(17)살충	(18)살충										

시비 방법

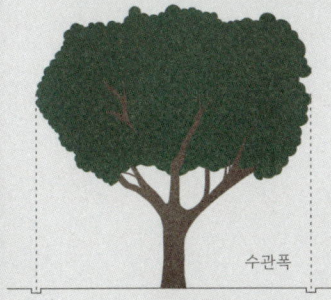

수관폭
환형의 골

고토석회 (1)

1. 나무의 수관 폭 맘의 환형의 골(폭10m, 깊이 5m)을 판다.
2. 고토석회를 골고루 뿌린다.
3. 흙으로 살짝 덮는다.

- 근원직경 3cm 미만→50g
- 근원직경 3cm 이상 →100g
  - ✓나무의 크기에 따라 시비량은 가감
  - ✓고토석회는 해당 읍면사무소에 3년 주기로 무상 신청(농업경영체)

복합비료 (2,4,5,6)

1. 나무의 수관폭 만큼의환형의 골(폭10m, 깊이 10cm)을 판다.
2. 완숙 부엽토 또는 바크 퇴비를 7cm 깔고 그 위에 복합비료를 골고루 뿌린다.
3. 흙으로 살짝 덮는다.

- 근원직경 3cm 미만 → 3월,8월: 200g/6월,10월: 150g
- 근원직경 3cm 이상 → 3월,8월: 1000g/6월,10월: 500g
  - ✓ 나무의 크기에 따라 시비량은 가감

정식 방법

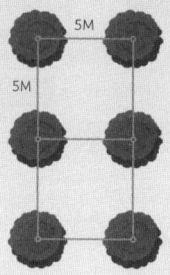

정형식재

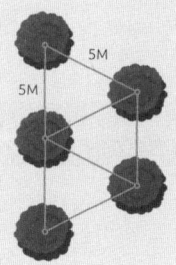

교호식재

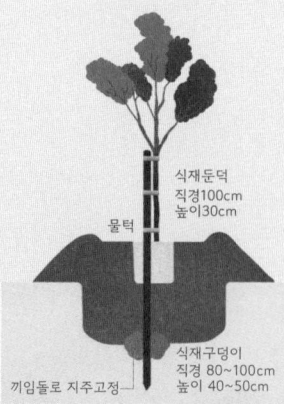

정식 시기
- 3월을 중심으로 2월, 4월에 가능하다. (2월 한파, 4월 고사리장마 전 고온과 가뭄 고려)
- 11월을 중심으로 10월 중순부터 12월 한파 전까지 가능하다.

정식 입지
- 직접광이 종일 드는 햇빛이 풍부한 곳과 토양배수 및 표면배수가 좋은 곳이 좋다.
- 향은 남동향과 남향의 완경사지가 가장 좋다.
- 물이 고이는 곳은 배수로를 확보하는 등 물리적으로 개선할 필요가 있다.
- 바람골이 아닌지, 관수용 물의 공급이 가능한지 체크한다.
- 바람이 센 곳은 방풍목보다는 방풍망 시설을 권장한다.
- 인접하여 큰 숲이 있거나 습한 곳(이끼가 있는 땅)은 피하는 것이 좋다.

정식 준비
- 식재간격은 5mX5m로 계획하며, 품종별 교차 배치(수분수 고려) 계획한다.
- 식재 품종과 위치는 도면화하여 보관한다.
- 묘목크기에 따라 직경 80~100cm 깊이 40~50cm의 구덩이를 파낸다.
- 파낸 흙, 같은 양의 밭흙:식재전용상토:토양개량제를 4:1:1 비율로 섞는다.
  - ✓ 토양개량제: 펄라이트와 마사토2, 부엽토1, 부숙 유기질비료1, 골분, 폐화석, 바이오차 미량
- 구덩이의 중심에 미리 준비한 1.5~1.6m길이의 지주를 단단히 박는다.
- 섞은 흙은 구덩이에 되메우고, 상부 직경 100cm 높이 30cm의 둔덕을 만든다.

정식 작업
- 지주 주변을 묘목의 뿌리분이 들어가도록 파낸다.
- 양동이에 뿌리활착제 희석액(1/1000)을 준비한다.
- 뿌리분이 지주에 밀착되도록 공간을 확보한다.
- 뿌리분을 뿌리활착제 희석액에 5분간 침지한 후, 그 희석액은 미리 판 구덩이에 부어 넣는다.
- 물이 토양에 흡수된 후 뿌리분을 지주의 남향으로 밀착되도록 구덩이에 넣고 흙을 덮는다.
- 관수 시 물이 옆으로 흐르지 않도록 원형으로 낮은 물턱을 만든다.
- 결속밴드(고무끈)로 묘목의 아래, 중간, 상부를 지주와 결속한다.

정식 후 관리
- 최소 2달간 토양이 건조하지 않도록 관수한다. 1년간 관수에 신경을 쓴다.
  - ✓ 특히 4월에 접어들면 고온건조가 계속되므로 매일 물을 준다.
- 수고 2.5m가 될 때까지 주기적으로 토양살충제를 뿌려준다.
  - ✓ 굼벵이가 주변 땅속에서 이동하므로 정식 후 즉시 뿌려준다.
  - ✓ 유목은 5월 하순, 장마 직후, 9월초에 뿌려준다.
- 잡초관리를 위해 제초매트 등을 깔아 줄 수 있다.
- 수고 2.5m가 넘게 자라면 연장지주나 삼각지주, 와이어지주 등 지주를 보완한다.
- 정식 2~3년차부터 수형을 잡는 작업을 한다.

전정 방법

이탈리아 판텔레리아섬 올리브의 모습
- 강풍으로 인해 올리브 수형을 극단적으로 바꾼 예
- 전정은 그 지역환경과 목적에 맞게 하는 것이 최적

열매생산에 최적화된 수형
수관폭 3.5m
수고 3.0~3.5m
햇빛을 골고루 받도록 수형을 관리한다.

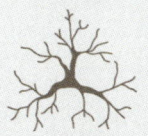

3개의 주지

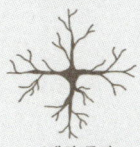

4개의 주지

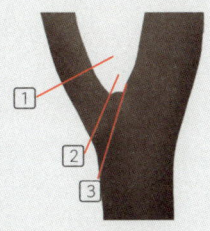

전정 목적: 크기 제한
- 생식생장을 유도하여 결실이 되도록 한다.
- 불필요한 가지를 줄여 강풍과 태풍에 저항력을 갖도록 한다.
- 빈 공간을 만들어 광합성을 촉진하고, 통기성이 확보되어 병해를 줄인다.
- 방제, 수확 등 각종 작업을 용이하게 한다.

전정 도구
- 전지가위, 전정톱, 사다리, 장갑, 고지가위, 양손가위, 소독제(알코올), 도포제
  - ✓ 전정도구는 수술도구와 같다. 사용 전 소독하고, 잘 씻고 잘 다듬고 관리한다.
  - ✓ 감염의 원인이 될 수 있다.

수형 잡기
- 형태: 주간 60~80cm높이에서 3~4개의 주지가 갈라지도록 한다.
- 수고: 각종 작업과 수확, 풍해 등을 고려하여 3.5m이상 넘지 않도록 한다.
- 시작: 정식 2~3년부터는 기본적인 수형을 잡아 나간다.
- 방법: 강전정(주간 직경 3cm이상), 보조지주(대나무), 유도끈을 이용한다.

전정 시기
- 최저기온 영하가 물러가는 3월초부터 4월초까지 강전정을 한다.
- 약전정은 장마기와 여름 고온다습기, 한랭기를 피한다.

전정 순서
1. 수간과 직선으로 올라간 주지를 잘라 가운데를 하늘이 보이도록 텅 비운다.
2. 나무 전체를 관찰하여 나무높이, 수간에서 분기하는 3~4개의 측지, 그리고 완성시킬 나무모양을 (머릿속으로) 그린다. 익숙하지 않으면 마커로 표시한다.
3. 주지의 윗부분→중간부분→아랫부분 순으로 전정한다.
4. 나무 전체를 보고 전정을 못한 곳을 전정한다.
5. 전정한 목질부에 도포제를 바른다.

전정 대상가지
- 위로 자란 가지, 단단한 가지, 너무 과하게 자란 새 가지, 나무 중심부에 생긴 가지, 죽은 가지, 병든 가지, 안쪽으로 향한 가지, 지면으로 붙은 가지, 너무 붙은 가지, 튀어나온 가지, 평행한 가지, 여러가지와 교차한 가지, 근원에서 나온 맹아지

유지 대상가지
- 밑으로 자란 가지, 부드러운 가지, 녹색의 어린 가지

전정 고려사항
- 전년에 뻗은 가지에서 열매가 열린다.
- 햇빛이 비치는 곳에 열매가 열린다.

적정 전정부위
1. 자르면 절대 아물지 않고 썩어 들어간다
2. 융기선을 아물게 해주는 역할을 한다. 윗부분에서 말끔히 자른다.
3. 융기선을 잘라버리면 감염되기 쉽고 아무는데 오래 걸리거나 썩어 들어갈 수 있다.

참고자료

책

<The Olive Oil Enthusiast: A Guide from Tree to Table, with Recipe>, Skyler Mapes and Giuseppe Morisani, Ten Speed Press, 2023

<매거진 F (Magazine F) Vol.22 : 올리브>, B Media Company, 우아한형제들, 2022

<올리브>, 임찬규, 서형호, 안현주, 김성철, 김천환, 노정호, 농촌진흥청, 2018

<12か月 栽培ナビ オリーブ>, 岡井路子, NHK出版, 2018

<A Practical Treatise on Olive Growing: Also Olive Oil Making and Olive Pickling>, Adolphe Flamant, 2018

<The History and Cultivation of the European Olive Tree>, A.L. Hillhouse, 2018

<Organic Olive Production Manual>, Paul Vossen, UC Agriculture and Natural Resources, 2017

<A Guide to Olive Oil and Olive Oil Tasting: Learn How to Select, Store and Taste Olive Oil with this Simple and Informative Guide>, ORIETTA GIANJORIO, 2016

<オリーブ 栽培・利用加工>, 柴田 英明, 創森社, 2016

<オリーブの絵本>, たかぎまさと, 農山漁村文化協会, 2008

<The Passionate Olive: 101 Things to Do with Olive Oil>, CAROL FIRENZE, Ballantine Books, 2005

<OLIVE Produnct manual>, G. Steven Sibbett, Agriculture & Natural Resources, 2004

논문 및 보고서

<제주지역 노지재배에 적합한 오일용 올리브 품종 선발>, 오명협, 고승찬, 아열대농업생명과학연구지, 2022

<제주지역 올리브 도입 품종별 수체생육 및 과실특성>, 임찬규, 안현주, 노정호, 국립원예특작과학원 온난화대응농업연구소, 2018

<국내 올리브 환경 적응성 검토 및 증식기술 개발>, 국립원예특작과학원 온난화대응농업연구소, 2018

<LPS 자극 RAW 264.7 세포에서 제주산 올리브 추출물의 항염 활성>, 김민진, 이주영, 김상숙, 성기철, 임찬규, 박경진, 안현주, 최영훈, 김승영, 현창구, 사단법인한국식품저장유통학회, 2018

웹사이트

국제올리브협회 www.internationaloliveoil.org

올리브오일타임스 www.oliveoiltimes.com

농촌진흥청 국립원예특작과학원
www.nihhs.go.kr/usr/main/mainPage.do

제주특별자치도 농업기술원 agri.jeju.go.kr/agri/index.htm

올리브의 정석

초판 1쇄 발행 2024년 7월 15일
초판 3쇄 발행 2025년 7월 15일

지은이 | 제주올리브스탠다드
편집총괄 | 이정선
표지디자인 | 박주희
디자인 | 김민정
일러스트 | 백조은, 정보나

펴낸곳 | 제주올리브스탠다드
출판등록 | 제 652-2024-000021호
주소 | 제주특별자치도 서귀포시 대정읍 평화로 89번길 99
이메일 | jejuolivestandard@naver.com
ISBN | 979-11-988251-0-0

www.olivestandard.com
ⓒ 제주올리브스탠다드 2024
이 책은 저작자의 지적 재산입니다. 저작자의 동의 없이 내용의 일부를
인용하거나 발췌하는 것을 금합니다.